STARK

ABITUR-TRAINING

Rechnen in der Chemie

Karl Kanz

STARK

Autor
Karl Kanz

Bildnachweis
Umschlagbild: © Billion Photos.com – Fotolia.com

www.stark-verlag.de
1. Auflage 2000

Inhalt

Vorwort

L-Ascorbinsäure ist unter der Bezeichnung Vitamin C als lebensnotwendiger Bestandteil der Nahrung bekannt. Würde man 1 g Vitamin C gleichmäßig an alle Bürger der Bundesrepublik verteilen, bekäme jeder Einzelne immerhin ca. 40 Billionen Moleküle. Das reicht bei weitem nicht aus und zeigt, dass es nicht darauf ankommt, ob wir Vitamin C erhalten, sondern nur, wie viel wir davon erhalten. Ähnliches gilt für praktisch alle Stoffe, die im Labor oder in der Industrie hergestellt, verbraucht oder auch als Giftstoffe in unsere Umwelt gelangen. Der quantitative Aspekt hat aber immer mit Berechnungen zu tun. Rechenaufgaben sind deswegen unverzichtbarer Bestandteil des Chemieunterrichts und es wird kaum eine Klassenarbeit oder Abituraufgabe ohne eine Berechnung geben.

Die meisten dieser Rechenaufgaben lassen sich ohne großen Aufwand lösen. Als Voraussetzung werden nur wenige Grundkenntnisse aus dem Mathematikunterricht benötigt. Dieses Buch soll möglichst alle Bereiche behandeln, in denen Berechnungen im Rahmen des Chemieunterrichts vorkommen können. Die nötigen mathematischen Beziehungen werden dabei nicht wie in einer Formelsammlung einfach aufgezählt, sondern besprochen, hergeleitet und an Beispielen erläutert.

Das Buch wendet sich an die Schülerinnen und Schüler, die das Fach Chemie in der Sekundarstufe II belegt haben. Manche Inhalte stehen nur in den Lehrplänen weniger Bundesländer. Die Kapitel sind daher so strukturiert, dass sie weitgehend unabhängig voneinander bearbeitet werden können.

Viele Anregungen zu diesem Buch habe ich von Schülerinnen und Schülern aus 17 Leistungs- und Grundkursen erhalten, die ich zum Abitur geführt habe. Besonderen Dank schulde ich Hannelore, Daniela, Silja, Mirco und Philipp für Korrekturen am Manuskript und vor allem der zuständigen Redakteurin vom Stark Verlag, die mich während der ganzen Arbeit an diesem Buch in jeder Hinsicht hervorragend unterstützt hat.

Allen Schülerinnen und Schülern wünsche ich viel Erfolg beim Lernen und Spaß an der Chemie. Bei vielen wird sie in Ausbildung und Beruf und bei allen wegen der großen Bedeutung des Umweltschutzes eine wichtige Rolle spielen.

Karl Kanz

1 Größen und Größengleichungen

Fast jedes Chemiebuch enthält heute ein Verzeichnis der verwendeten Größen und ihrer Einheiten. Was sind aber „Größen"? Zum ersten Mal begegnen wir diesem Begriff im Mathematik- und Physikunterricht. Größen sind dort messbare Eigenschaften, also etwa die Masse (Symbol m) eines Gegenstandes oder die Geschwindigkeit (Symbol v) eines Fahrzeugs.
Zu jeder Größenangabe gehört eine mathematische Gleichung, in der das Größensymbol, die Einheit und der Zahlenwert vorkommen. Für welches Objekt die Angabe gilt, wird durch eine in Klammer gesetzte Anmerkung mitgeteilt. Beispielsweise beträgt die Masse der neuen 1-Euro-Münze 7,5 Gramm. Als Größengleichung geschrieben, ergibt sich:

$$m(\text{Münze}) = 7{,}5\ \text{g}, \qquad \text{Einheit:}\quad [m] = 1\ \text{g} = 1\ \text{Gramm}.$$

Als Einheit wurde hier das Gramm verwendet.
Eine andere in der Chemie sehr oft gebrauchte Masseneinheit ist die **Atommasseneinheit 1 Unit** (1 u). Jede Periodentafel enthält neben den Ordnungszahlen der Elemente mindestens noch die Angabe der durchschnittlichen Atommassen. Sie beträgt für Wasserstoffatome

$$m(1\ \text{H}) = 1{,}008\ \text{u}.$$

Zwischen zwei beliebigen Einheiten der gleichen Größe kann stets ein Umrechnungsfaktor angegeben werden. Er beträgt in diesem Fall $6{,}022137 \cdot 10^{23}$ und es gilt:

$$1\ \text{g} = 6{,}022137 \cdot 10^{23}\ \text{u}.$$

Die oben erwähnte 1-Euro-Münze hätte also die Masse

$$m(\text{Münze}) \approx 45 \cdot 10^{23}\ \text{u}.$$

Die für die Größen zu verwendenden Symbole und die Einheiten sind durch internationale Vereinbarungen festgelegt. Maßgebend ist heute das SI-System (Système International d'Unités). Wegen der großen Bedeutung hat sich der Gesetzgeber dieser Festlegungen angenommen. In der Bundesrepublik Deutschland ist das durch das Gesetz über die Einheiten im Messwesen vom 2. 7. 1969 geschehen.

Alle Größen lassen sich einer von zwei möglichen Gruppen zuordnen. Sie werden Basisgrößen und abgeleitete Größen genannt. **Basisgrößen** sind unabhängig voneinander festgelegte Größen. Ihre Einheiten müssen durch genau beschriebene und vor allem nachvollziehbare Experimente oder mithilfe von

genormten Gegenständen festgelegt werden. Für die Masseneinheit 1 Kilogramm gilt: Ein Körper hat die Masse $m = 1$ kg, wenn er die gleiche Masse wie der aus einer Edelmetalllegierung gefertigte „Massenprototyp" besitzt. Dieser „Prototyp" wird bei Paris aufbewahrt. Die Bundesrepublik Deutschland besitzt davon eine Kopie.
Die Erfahrung hat gezeigt, dass man insgesamt mit sieben Basisgrößen auskommen kann:

Größe	Symbol	Einheit	Einheitenzeichen
Länge	l	Meter	m
Masse	m	Kilogramm	kg
Zeit	t	Sekunde	s
Stromstärke	I	Ampere	A
thermodynamische Temperatur	T	Kelvin	K
Stoffmenge	n	Mol	mol
Lichtstärke	I_v	Candela	cd

Alle anderen Größen sind **abgeleitete Größen**, das heißt, sie lassen sich auf ein Produkt und/oder auf einen Quotienten mehrerer Basisgrößen zurückführen. Zu den abgeleiteten Größen zählt die oben erwähnte Geschwindigkeit v. Sie ist der Quotient aus der Länge der zurückgelegten Wegstrecke l und der dafür benötigten Zeit t.

$$v = \frac{l}{t} \qquad \text{Einheit:} \quad [v] = 1\,\frac{\text{m}}{\text{s}}$$

Die Tabelle im Anhang führt die wichtigsten abgeleiteten Größen und ihre Einheiten auf.

Zusammenfassung

- Unter **Größen** versteht man messbare Eigenschaften.
- Zu jeder Größenangabe gehört eine **Größengleichung**, die das Größensymbol, einen Zahlenwert und die Einheit enthält.
- Größen und ihre Einheiten sind durch internationale Vereinbarungen festgelegt.

2 Grundlagen

2.1 Teilchenanzahl, Stoffmenge und stöchiometrische Rechenübungen

In der Chemie sind Größen besonders wichtig, die eine Aussage darüber machen, wie viel von einem bestimmten Stoff bei einem Experiment eingesetzt oder bei einer Synthese gewonnen werden soll.
Masse und Volumen sind solche Größen. Sie werden auch als **Quantitätsgrößen** bezeichnet. Für viele Berechnungen in der Chemie reichen Masse und Volumen jedoch nicht aus. Man benötigt zusätzlich die Teilchenanzahl *N*. Anzahl und Masse der reagierenden Teilchen bestimmen nämlich, in welchem Verhältnis die Massen und Volumina der reagierenden Stoffportionen zueinander stehen.
Statt der Teilchenanzahl wird heute fast immer die erst 1971 in das SI-System aufgenommene Stoffmenge *n* verwendet. Ihre Einheit ist das Mol und als Einheitenzeichen wurde „mol" festgelegt. Eine Stoffportion besitzt die Stoffmenge $n = 1$ mol, wenn sie $6{,}022137 \cdot 10^{23}$ Teilchen der angegebenen Zusammensetzung enthält. Die Einführung der Stoffmenge vereinfacht viele Berechnungen in der Chemie ganz erheblich. $6 \cdot 10^{23}$ Teilchen bilden eine Stoffportion, deren Masse bei den meisten Stoffen zwischen 1 g und 1 000 g liegt. Man vermeidet dadurch das umständliche Rechnen mit großen Zahlen.
Zusammenfassend kann man sagen, dass vier verschiedene Größen zur Verfügung stehen, wenn man angeben möchte, wie viel von einem Stoff vorhanden ist:

- Die **Masse *m***, deren Einheit das Kilogramm ist: $[m] = 1$ kg,
- das **Volumen *V*** mit der Einheit $[V] = 1\ m^3$ bzw. 1 Liter (1 L),
- die **Teilchenanzahl *N***, $[N] = 1$, und
- die **Stoffmenge *n***, deren Einheit $[n] = 1$ mol ist.

Für eine Versuchsbeschreibung oder eine Chemikalienbestellung reicht eigentlich *eine* dieser vier Größen aus. Direkt und leicht messbar sind allerdings nur Masse und Volumen. Stoffmenge und Teilchenanzahl müssen gegebenenfalls berechnet werden. Welche Möglichkeiten es dafür gibt, zeigt das folgende Schema in Abbildung 1.

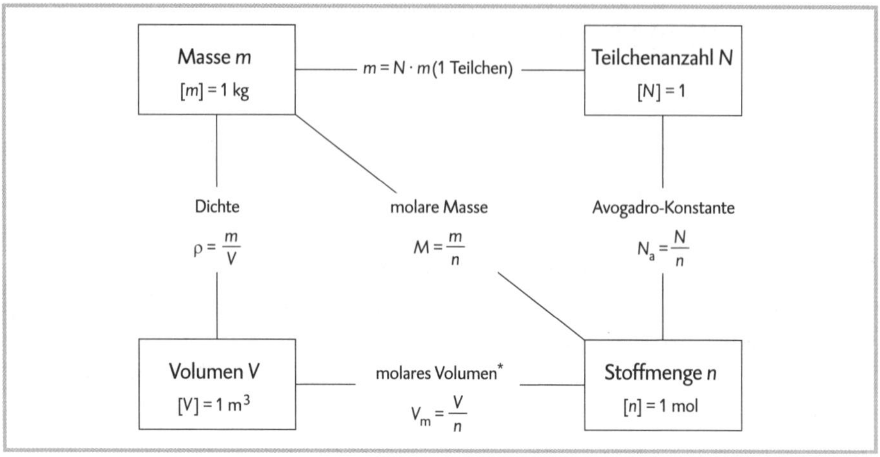

Abb. 1: Zusammenhang zwischen Masse, Volumen, Stoffmenge und Teilchenanzahl

Die Zusammenhänge zwischen diesen Größen sollen an einem Beispiel erläutert werden:

Befinden sich in einem Reagenzglas 20 g Wasser, so beträgt die Masse dieser Wasserportion $m(H_2O) = 20$ g. Zur Berechnung des Volumens wird die Dichte ρ benötigt. Sie beträgt bei 4 °C und 1 013 hPa: $\rho(\text{Wasser}) = 1\ \text{g} \cdot \text{cm}^{-3}$. Da $V = m \cdot \rho^{-1}$ ist das Volumen der Wasserportion $V(H_2O) = 20\ \text{cm}^3$. Zur Berechnung der Anzahl $N(H_2O)$ der Wassermoleküle wird die Masse eines einzelnen Wassermoleküls benötigt. Man erhält sie aus den Massen aller im Molekül miteinander verbundenen Atome.

$$m(1\ H_2O) = 2 \cdot 1\ \text{u} + 16\ \text{u} = 18\ \text{u}.$$

Für die Anzahl der Moleküle in der Wasserportion gilt daher:

$$N(H_2O) = \frac{m(H_2O)}{m(1\,H_2O)} = \frac{20 \cdot 6{,}022 \cdot 10^{23}\ \text{u}}{18\ \text{u}} = 6{,}7 \cdot 10^{23}.$$

Die Stoffmenge n dieser Wasserportion kann auf zwei verschiedenen Wegen berechnet werden.

Einmal gelingt das aus der Anzahl der Teilchen mithilfe der AVOGADRO-Konstanten $N_A = 6{,}022 \cdot 10^{23}\ \text{mol}^{-1}$. Da eine Stoffportion die Stoffmenge $n = 1$ mol besitzt, wenn sie $6{,}022 \cdot 10^{23}$ Teilchen enthält, gilt:

$$n(H_2O) = \frac{N(H_2O)}{N_A} = \frac{6{,}7 \cdot 10^{23}}{6{,}022 \cdot 10^{23}\ \text{mol}^{-1}} = 1{,}1\ \text{mol}.$$

* Das molare Volumen der Gase beträgt bei Normbedingungen $V_m = 22{,}4\ \text{L} \cdot \text{mol}^{-1}$.

Wesentlich einfacher ist der Weg über die molare Masse *M*. Die molare Masse *M* eines Stoffes und die Masse *m* eines Teilchens dieses Stoffes besitzen den gleichen Zahlenwert, in unserem Beispiel gilt also

$m(1\ H_2O) = 18\ u$ und $M(H_2O) = 18\ g \cdot mol^{-1}$.

Der Grund ist leicht einzusehen, denn $6 \cdot 10^{23}$ Wassermoleküle haben eine Masse von 18 g und ihre Stoffmenge beträgt 1 mol.
Die erwähnte Wasserportion mit $m = 20$ g besitzt daher die Stoffmenge

$$n(H_2O) = \frac{m(H_2O)}{M(H_2O)} = \frac{20\ g}{18\ g \cdot mol^{-1}} = 1{,}1\ mol\ .$$

An dieser Stelle muss darauf hingewiesen werden, dass die Masse, das Volumen, die Teilchenanzahl und die Stoffmenge grundsätzlich Eigenschaften einer Portion des betreffenden Stoffes sind. Ein Stück Schwefel, die Gasfüllung eines Luftballons und der Inhalt eines mit Wasser gefüllten Bechers sind solche Stoffportionen. „Schwefel" ist dagegen die allgemeine Bezeichnung für einen bestimmten Stoff. Farbe, Geruch, Kristallform und auch die Dichte sind Stoffeigenschaften. Sie treffen, falls gleiche äußere Bedingungen vorliegen, für alle Schwefelportionen zu und nicht nur für eine bestimmte.
Zur Kennzeichnung, für welche Stoffportion diese Angaben gelten, wurde die chemische Formel in Klammer hinter das Größensymbol gesetzt. Die Wasserportion hat die Masse

$m(H_2O) = 20\ g.$

Man könnte auch schreiben

$m(\text{Wasserportion}) = 20\ g.$

Bei Angabe der Stoffmenge oder Teilchenanzahl muss sogar die Formel verwendet werden, sonst kommt es zu Mehrdeutigkeiten, wie folgendes Beispiel eigt:

$N(H_2O) = 6{,}7 \cdot 10^{23}.$

$N(H_2O)$ signalisiert dem Leser, dass die Anzahl der Wasser*moleküle* gemeint ist. Die Anzahl der Atome in dieser Wasserportion wäre nämlich dreimal so groß.

Das oben angegebene Schema, in dem die vier Größen Masse, Volumen, Teilchenanzahl und Stoffmenge zusammengefasst sind, bildet die Grundlage aller stöchiometrischen Berechnungen. Dabei gilt es, die Massen, Volumina etc. der reagierenden Stoffportionen zu berechnen. Es sind mathematisch wenig aufwändige Rechnungen, die im Wesentlichen auf Umrechnungen zwischen den Größen Masse, Volumen und Stoffmenge beruhen. Die Teilchenanzahl wird nur selten benötigt.

Historisch gesehen, bildeten zwei Naturgesetze die Grundlage aller stöchiometrischen Berechnungen. Es handelt sich um das Gesetz von der Erhaltung der Masse (LAVOISIER, 1785) und um das Gesetz der konstanten Massenverhältnisse (PROUST, 1799).

Das **Gesetz von der Erhaltung der Masse** besagt, dass die Summe der Massen aller Ausgangsstoffportionen bei einer chemischen Reaktion gleich der Summe der Massen aller Endstoffportionen ist. Mathematisch formuliert, lautet es für die Reaktion

$$\mathrm{A} + \mathrm{B} + \ldots \longrightarrow \mathrm{Z} + \mathrm{Y} + \ldots$$

$$m(\mathrm{A}) + m(\mathrm{B}) + \ldots = m(\mathrm{Z}) + m(\mathrm{Y}) + \ldots$$

Das **Gesetz der konstanten Massenverhältnisse** besagt, dass Verbindungen die Elemente in konstanten Massenverhältnissen enthalten. Für jede Kohlenstoffdioxidportion gilt

$$\frac{m(\text{Sauerstoff})}{m(\text{Kohlenstoff})} = \frac{32\ \mathrm{g}}{12\ \mathrm{g}}.$$

Beide Gesetze waren starke Stützen für die Annahme, dass die Materie aus kleinsten Teilchen aufgebaut ist und dass bei chemischen Vorgängen nur eine Umgruppierung von Atomen erfolgt.

Einige typische Beispiele sollen im Folgenden zeigen, wie stöchiometrische Rechenaufgaben mit geringem mathematischen Aufwand und unter Verwendung der schon bekannten Größengleichungen gelöst werden können. Als Hilfsmittel werden ein Taschenrechner und eine Periodentafel der Elemente mit Angabe der Atommassen benötigt.

Beispiel 1:

Berechnen Sie die Masse der Kupferportion, die aus 5 g schwarzem Kupferoxid durch Reduktion mit Wasserstoff hergestellt werden kann!

Lösung:

1. Schritt:
Formulierung der Reaktionsgleichung:

$$CuO + H_2 \longrightarrow Cu + H_2O.$$

2. Schritt:
Aufstellen der Größengleichung für die Stoffmengen der reagierenden Stoffportionen:

Aus der Reaktionsgleichung folgt unmittelbar die Größengleichung für die Stoffmengen der reagierenden Stoffportionen. In diesem Fall gilt:

$$n(\mathrm{CuO}) = n(\mathrm{Cu})\,, \qquad \text{(Gleichung 1)}.$$

Der Grund dafür ist, dass Reaktionsgleichungen den Ablauf der Reaktion auf Teilchenebene beschreiben. Aus der Reaktionsgleichung geht also hervor, dass eine Formeleinheit Kupferoxid bei der Reaktion mit Wasserstoff ein Kupferatom liefert. Gleiche Teilchenanzahl bedeutet immer, dass auch die Stoffmengen der reagierenden Stoffportionen gleich groß sind.

3. Schritt:
Berechnung der gesuchten Masse:
Zuletzt müssen die Stoffmengenangaben in Massenangaben umgerechnet werden. Dazu werden die molaren Massen $M(\mathrm{CuO})$ von schwarzem Kupferoxid und $M(\mathrm{Cu})$ von Kupfer benötigt. Die Werte der Atommassen sind in der Periodentafel der Elemente enthalten.

$$M(\mathrm{Cu}) = 63{,}5\ \mathrm{g \cdot mol^{-1}}\,,$$

$$M(\mathrm{CuO}) = M(\mathrm{Cu}) + M(\mathrm{O}) = 63{,}5\ \mathrm{g \cdot mol^{-1}} + 16\ \mathrm{g \cdot mol^{-1}} = 79{,}5\ \mathrm{g \cdot mol^{-1}}\,.$$

Aus der Beziehung $M = m/n$ (vgl. Abbildung 1) folgt:

$$n(\mathrm{Cu}) = \frac{m(\mathrm{Cu})}{M(\mathrm{Cu})} \qquad \text{(Gleichung 2)},$$

$$n(\mathrm{CuO}) = \frac{m(\mathrm{CuO})}{M(\mathrm{CuO})} \qquad \text{(Gleichung 3)}.$$

Gleichung 2 und Gleichung 3 in Gleichung 1 eingesetzt und aufgelöst nach der gesuchten Größe $m(\mathrm{Cu})$ liefert:

$$m(\mathrm{Cu}) = \frac{m(\mathrm{CuO}) \cdot M(\mathrm{Cu})}{M(\mathrm{CuO})} = \frac{5\ \mathrm{g} \cdot 63{,}5\ \mathrm{g \cdot mol^{-1}}}{79{,}8\ \mathrm{g \cdot mol^{-1}}} = 3{,}98\ \mathrm{g}\,.$$

Ergebnis:

Die Masse der aus 5 g schwarzem Kupferoxid durch Reduktion mit Wasserstoff hergestellten Kupferportion beträgt $m(\mathrm{Cu}) = 3{,}98$ g.

Beispiel 2:

Erhitzt man in einem Glühröhrchen Silberoxid, so entstehen Silber und Sauerstoff. Berechnen Sie die Masse der Silberoxidportion, die zur Herstellung von 0,1 L Sauerstoff benötigt wird!
Hinweis: Das molare Volumen des Sauerstoffs beträgt unter den gegebenen Laborbedingungen ($\vartheta = 20\ °C$ und $p = 1\,013$ hPa) $V_m = 24{,}0\ L \cdot mol^{-1}$.

Lösung:

Die Lösung erfolgt ebenfalls in drei Schritten, nur der dritte Rechenschritt weicht von Beispiel 1 ab.

1. Schritt:
Formulieren der Reaktionsgleichung:

$$2\,Ag_2O \longrightarrow 4\,Ag + O_2.$$

2. Schritt:
Aufstellen der Größengleichung für die Stoffmengen der reagierenden Stoffportionen:

$$n(Ag_2O) = 2 \cdot n(O_2), \qquad \text{(Gleichung 1)}.$$

Die Stoffmenge der Silberoxidportion ist doppelt so groß wie die Stoffmenge der entstehenden Sauerstoffportion. Man beachte, dass der Faktor 2 in der Reaktionsgleichung vor der Formel Ag_2O steht, in der Größengleichung vor $n(O_2)$! Das liegt daran, dass die Stoffmenge der Silberoxidportion doppelt so groß ist wie die Stoffmenge der Sauerstoffportion. Um ein Gleichheitszeichen schreiben zu können, muss die letztere mit dem Faktor zwei multipliziert werden.

3. Schritt:
Berechnung der gesuchten Masse $m(Ag_2O)$:
Da in diesem Fall das Volumen der Sauerstoffportion angegeben ist, muss $n(O_2)$ mithilfe des molaren Volumens berechnet werden.

$$n(Ag_2O) = \frac{m(Ag_2O)}{M(Ag_2O)} \qquad \text{(Gleichung 2)},$$

$$n(O_2) = \frac{V(O_2)}{V_m(O_2)} \qquad \text{(Gleichung 3)}.$$

Gleichung 2 und Gleichung 3 in Gleichung 1 eingesetzt und nach $m(Ag_2O)$ aufgelöst ergibt:

$$m(Ag_2O) = 2 \cdot \frac{M(Ag_2O) \cdot V(O_2)}{V_m(O_2)} = 2 \cdot \frac{231{,}7\ g \cdot mol^{-1} \cdot 0{,}1\ L}{24{,}0\ L \cdot mol^{-1}} = 1{,}93\ g.$$

Ergebnis:

Die Masse der zur Herstellung von 0,1 L Sauerstoff benötigten Silberoxidportion beträgt 1,93 g.

Beispiel 3:

Das Eisenerz Magnetit hat die Verhältnisformel Fe_3O_4. Berechnen Sie den Massenanteil w(Fe) des im Magnetit chemisch gebundenen Eisens!

Lösung:

1. Schritt:
In diesem Fall reicht die Angabe der Verhältnisformel Fe_3O_4.

2. Schritt:
Aufstellen der Größengleichung:
Hier reicht ein einfacher Massenvergleich aus. Benötigt werden dazu die Atommasse von Eisen und die Masse einer Formeleinheit Fe_3O_4 bzw. die entsprechenden molaren Massen M(3 Fe) und $M(Fe_3O_4)$.

$$w(\mathrm{Fe}) = \frac{M(3\,\mathrm{Fe})}{M(\mathrm{Fe_3O_4})} = \frac{3 \cdot 55{,}85\ \mathrm{g \cdot mol^{-1}}}{231{,}6\ \mathrm{g \cdot mol^{-1}}} = 0{,}72 = 72\,\%$$

Ergebnis:

Der Massenanteil des im Magnetit chemisch gebundenen Eisens beträgt 72 %.

Zusammenfassung

Um anzugeben, wie viel von einem Stoff vorhanden ist, gibt es vier verschiedene Größen:

- die **Masse**,
- das **Volumen**,
- die **Teilchenanzahl** und
- die **Stoffmenge**.

Ein dadurch klar gekennzeichnetes Objekt, z. B. ein Stück Schwefel mit der Masse m = 1 g, nennt man eine **Stoffportion**.

Formeln und Reaktionsgleichungen ermöglichen stets die Angabe von Größengleichungen für die Stoffmengen der reagierenden Stoffportionen. Diese Größengleichungen sind die Grundlage aller stöchiometrischen Berechnungen.

2.2 Die Angabe von Konzentrationen

In der Chemie hat man es sehr oft mit Stoffgemischen zu tun. Sind sie homogen und flüssig, werden sie als Lösungen bezeichnet. Heute unterscheidet man drei Gruppen von **Gehaltsgrößen**, die **Konzentrationen**, die **Anteile** und die **Verhältnisse**. Alle Gehaltsgrößen sind Quotienten.

Bei den Gehaltsgrößen, deren Bezeichnung auf -konzentration endet, steht im Nenner das Volumen der Lösung *V*(Lösung). Im Zähler dieser Quotienten stehen Masse oder Volumen oder Stoffmenge, in seltenen Fällen auch die Anzahl der Teilchen der gelösten Stoffportion. Die am meisten verwendete Größe ist die **Stoffmengenkonzentration** c, relativ häufig begegnet man auch der **Massenkonzentration** β und der **Volumenkonzentration** σ.
Der in Klammer gesetzte Buchstabe A (s. Tabelle) steht in diesen Definitionsgleichungen für die Formel der Teilchen des gelösten Stoffs. Die Stoffmengenkonzentration wird in der Chemie oft auch vereinfacht als „Konzentration" bezeichnet. Früher wurde eine Lösung mit der Stoffmengenkonzentration $1\ \text{mol} \cdot \text{L}^{-1}$ auch als „1-molar" bezeichnet.

Größe	Formel	Einheit
Stoffmengenkonzentration	$c(\text{A}) = \dfrac{n(\text{A})}{V(\text{Lösung})}$	$[c] = 1\dfrac{\text{mol}}{\text{L}}$
Massenkonzentration	$\beta(\text{A}) = \dfrac{m(\text{A})}{V(\text{Lösung})}$	$[\beta] = 1\dfrac{\text{g}}{\text{L}}$
Volumenkonzentration	$\sigma(\text{A}) = \dfrac{V(\text{A})}{V(\text{Lösung})}$	$[\sigma] = 1\dfrac{\text{L}}{\text{L}} = 1$
Massenanteil	$w(\text{A}) = \dfrac{m(\text{A})}{m(\text{A}) + m(\text{B}) + \ldots}$	$[w] = 1\dfrac{\text{g}}{\text{g}} = 1$
Volumenanteil	$\varphi(\text{A}) = \dfrac{V(\text{A})}{V(\text{A}) + V(\text{B}) + \ldots}$	$[\varphi] = 1\dfrac{\text{L}}{\text{L}} = 1$

Bei den Gehaltsgrößen, deren Bezeichnung auf -anteil endet, stehen im Zähler und im Nenner Größen mit gleicher Einheit. Um den **Massenanteil** w zu erhalten, wird die Masse m(A) der gelösten Stoffportion durch die Summe der Massen aller Bestandteile der Mischung dividiert. Entsprechendes gilt für den **Volumenanteil φ(A)**. Diese beiden Größen besitzen die Einheit 1, weil sich die Einheiten von Zähler und Nenner kürzen lassen.

Zu beachten ist, dass ein Unterschied zwischen Volumenkonzentration und Volumenanteil besteht. Die Volumenkonzentration erhält man, indem man das Volumen der gelösten Stoffportion V(A) durch das Volumen der Lösung dividiert. Zur Berechnung des Volumenanteils wird das Volumen der gelösten Stoffportion durch die Summe der Volumina aller Bestandteile *vor dem Vermischen* dividiert. Da sich bei den meisten Mischungsvorgängen das Volumen ändert, sind φ(A) und σ(A) in der Regel nicht gleich.

Die Gehaltsgrößen, deren Bezeichnung auf -verhältnis enden, kommen selten vor. Ein Beispiel dafür ist das **Massenverhältnis**. Dabei wird die Masse eines Bestandteils der Mischung durch die Masse eines anderen Bestandteils dividiert. So beträgt das Massenverhältnis der beiden Uranisotope 235-Uran und 238-Uran in natürlichem Uran

$$\xi\left(\frac{\text{U-235}}{\text{U-238}}\right) = \frac{0{,}7\ \text{g}}{99{,}3\ \text{g}} = 7 \cdot 10^{-3}.$$

Beispiel:

100 g einer konzentrierten Natronlauge enthalten 30,2 g Natriumhydroxid und die Dichte bei 20 °C beträgt $\rho = 1{,}330\ \text{g} \cdot \text{cm}^{-3}$. Berechnen Sie die Massenkonzentration β(NaOH), den Massenanteil w(NaOH) und die Stoffmengenkonzentration c(NaOH) dieser Natronlaugeportion!

Lösung:

Da die Dichte der Lösung $\rho = 1{,}330\ \text{g} \cdot \text{cm}^{-3}$ beträgt, haben 0,1 L die Masse m(Lauge) = 133 g und enthalten eine Natriumhydroxidportion der Masse m(NaOH) = 1,33 · 30,2 g = 40,17 g.
Daraus ergibt sich die Massenkonzentration β(NaOH)

$$\beta(\text{NaOH}) - \frac{40{,}17\ \text{g}}{0{,}1\ \text{L}} = 401{,}7\ \text{g} \cdot \text{L}^{-1}$$

und der Massenanteil

$$w(\text{NaOH}) = \frac{30{,}2\ \text{g}}{100\ \text{g}} = 0{,}302.$$

Für die Berechnung der Stoffmengenkonzentration $c(\text{NaOH})$ wird noch die molare Masse $M(\text{NaOH})$ benötigt: $M(\text{NaOH}) = 40{,}01\ \text{g} \cdot \text{mol}^{-1}$.

$$c(\text{NaOH}) = \frac{n(\text{NaOH})}{V(\text{Lösung})} = \frac{m(\text{NaOH})}{M(\text{NaOH}) \cdot V(\text{Lösung})}$$

$$= \frac{1{,}33 \cdot 30{,}2\ \text{g}}{40{,}01\ \text{g} \cdot \text{mol}^{-1} \cdot 0{,}1\ \text{L}} = 10{,}04\ \text{mol} \cdot \text{L}^{-1}\,.$$

In Berichten über Umweltprobleme findet man noch häufig die zwar mehr oder weniger anschaulichen aber sehr oft zu Missverständnissen führenden Gehaltsangaben „ppm“, „ppb“ und „ppt“. Diese Abkürzungen stehen für „parts per million“, „parts per billion“ und „parts per trillion“. Gemeint sind damit in der Regel Angaben von Massenanteilen. Statt $w = 1$ g/g könnte man schreiben $w = 10^6$ ppm, $w = 10^9$ ppb oder $w = 10^{12}$ ppt. Abgesehen davon, dass hier die angelsächsische Bezeichnung „one billion“ = 10^9 bzw. „one trillion“ = 10^{12} (bei uns ist 1 Billion = 10^{12}, eine Trillion = 10^{18}) verwendet wird, ist oft unklar, ob es sich um Massenanteile oder um Massenverhältnisse handelt. Solche Angaben sollten daher vermieden werden; zumindest muss das Größensymbol zusammen mit diesen Bezeichnungen verwendet werden, also z. B. $w(SO_2) = 10$ ppm.

Zusammenfassung

Gehaltsgrößen geben die Zusammensetzung von Mischungen an. Man unterscheidet Wortverbindungen mit -konzentration, -anteil und -verhältnis. Die wichtigsten Gehaltsgrößen sind

- die **Stoffmengenkonzentration** c,
- die **Massenkonzentration** β,
- der **Massenanteil** w und
- der **Volumenanteil** φ.

Die Bezeichnung „Gehalt“ sollte im Zusammenhang mit quantitativen Angaben nicht mehr verwendet werden. Das Gleiche gilt für die alten Angaben in ppm, ppb und ppt.

2.3 Angaben zum Periodensystem und zur Schreibweise von Formeln

Periodentafeln, meist nur „Periodensystem" genannt, enthalten in der einfachsten Ausführung drei Angaben für jedes Element: das Elementsymbol, die Ordnungszahl und den Zahlenwert der in der Einheit Unit (1 u) angegebenen Atommasse. Es ist festgelegt, an welchen Stellen diese Angaben um das Elementsymbol herum anzuordnen sind. Dies gilt auch für die Schreibweise in Texten und soll zunächst allgemein für ein Element mit dem Symbol X und dann am Beispiel der Calciumionen, Ca^{2+}, erläutert werden:

$$^{A}_{Z}\overset{Oz}{X}{}^{z}_{\nu} \qquad ^{40}_{20}\overset{2}{Ca}{}^{2+}$$

A = Nukleonenzahl
Z = Ordnungszahl
z = Ladungszahl
ν = stöchiometrischer Index
Oz = Oxidationszahl

X bzw. Ca ist das Symbol des Atoms, bzw. des Elements im Periodensystem.

A ist die **Nukleonenzahl** der Atome des Elements. Sie wurde früher auch als Massenzahl bezeichnet und setzt sich aus der Protonenzahl *Z* und der Neutronenzahl *N* zusammen: $A = Z + N$.
Für Calciumatome gilt: $Z = 20$, $N = 20$ und $A = 40$. Streng genommen, handelt es sich dabei um das Isotop Calcium-40. Die in der Natur vorkommenden Calciumverbindungen enthalten überwiegend Calcium-40-Atome bzw. -Ionen. Statt der Nukleonenzahl wird links oben vom Elementsymbol auch der Zahlenwert der unter Verwendung der Einheit 1 u (1 Unit) angegebenen Atommasse aufgeführt. Ein Unit ist ein Zwölftel der Masse des Kohlenstoffisotops ^{12}C:

$$m\left(\frac{1}{12}\,\text{C-12}\right) = 1\,\text{u}\,.$$

Der Zahlenwert der unter Verwendung der Einheit 1 u angegebenen Atommasse wird auch als relative Atommasse A_r bezeichnet. Bei der relativen Atommasse handelt es sich eigentlich um einen Quotienten:

$$A_r = \frac{m(1\ \text{Atom})}{m\left(\frac{1}{12}\ \text{Atom C-12}\right)}\,.$$

Früher hat man A_r auch als Atomgewicht bezeichnet.
Wegen der vorkommenden Isotope mit höherer Nukleonenzahl beträgt die Atommasse eines Calciumatoms 40,08 u.

Z ist die **Ordnungszahl** des Atoms bzw. Elements im Periodensystem. Sie ist gleich der Protonenzahl der Atome dieses Elements. Im Periodensystem sind die Elemente nach ihren Ordnungszahlen aufgeführt. DMITRIJ MENDELEJEW und LOTHAR MEYER hatten ursprünglich die Atommassen als Ordnungsprinzip angesehen, was zu Unstimmigkeiten bei der Einordnung einiger Elemente, z. B. bei Iod und Tellur, geführt hat. Die Einführung der Ordnungszahl hat diese Probleme gelöst.

z besitzt nur bei Ionenverbindungen und bei in der Lösung frei vorhandenen Ionen eine Bedeutung. *z* heißt **Ladungszahl.** Sie wird unter Verwendung arabischer Ziffern mit einem nachgestellten + oder – angegeben. Da Calciumionen zwei positive Elementarladungen besitzen, wird Ca^{2+} geschrieben.

ν heißt **stöchiometrischer Index.** Er gibt die Anzahl der Atome bzw. Ionen in der Verhältnis- oder Molekülformel einer Verbindung des Elements an.

Oz ist die **Oxidationszahl** und steht über dem Elementsymbol. Sie sollte unter Verwendung arabischer Ziffern und Angabe eines Vorzeichens geschrieben werden, wobei positive Vorzeichen wegfallen können, negative aber angegeben werden müssen. Beispiele sind

$$\overset{2}{Ca}\overset{-1}{Cl_2},\ \overset{1}{H_2}\overset{-2}{O},\ \overset{1}{Na}\overset{-1}{Cl},\ \overset{1}{H_2}\overset{6}{S}\overset{-2}{O_4},\ \overset{-3}{C}\overset{1}{H_3}\overset{3}{C}\overset{-2}{O}\overset{-2}{O}\overset{1}{H}.$$

Zur Unterscheidung von der Ionenladung werden für die Oxidationszahlen häufig römische Ziffern verwendet.
Oxidationszahlen sind hypothetische Ladungszahlen. Man versteht darunter die Ladung, die ein Atom oder eine Atomgruppe haben würde, wenn die Elektronen des Teilchens jeweils dem Atom mit der größeren Elektronegativität zugeordnet werden. Handelt es sich bereits um eine Ionenverbindung, ist die Oxidationszahl mit der Ladungszahl identisch.
Bei Molekülverbindungen werden die Oxidationszahlen am besten über die Valenzstrichformeln ermittelt. Dazu rechnet man jedes Bindungselektronenpaar dem Atom mit der größeren Elektronegativität zu. Als Beispiel soll das H_2SO_4-Molekül dienen.

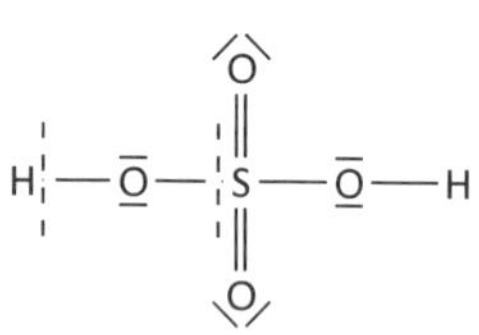

Die Elektronegativitäten nehmen in der Reihenfolge EN(O) > EN(S) > EN(H) ab. Die beiden senkrechten Striche zwischen dem Wasserstoffatom und dem Sauerstoffatom bzw. zwischen dem Sauerstoffatom und dem Schwefelatom deuten an,

wie die Elektronen verteilt werden müssen. Zu den sechs Außenelektronen des Sauerstoffatoms kommen zwei Elektronen dazu, wodurch dieses Atom zwei negative Ladungen erhält. Das H-Atom und das S-Atom geben an dieser Stelle des Moleküls jeweils ein Elektron ab. Wendet man dieses Verfahren bei den anderen Bindungen an, so ergeben sich die Oxidationszahlen 1 für die Wasserstoff- und –2 für alle Sauerstoffatome. Das Schwefelatom erhält die Oxidationszahl 6.
Zu beachten ist auch, dass die Summe der Oxidationszahlen aller Atome eines Moleküls 0 ergeben muss. Bei Ionen, die aus mehreren Atomen bestehen, ist die Summe aller Oxidationszahlen gleich der Ionenladung.
Die Anzahl der von einem Atom ausgehenden Elektronenpaarbindungen wird als **Bindigkeit** bezeichnet. Durch die Einführung der Begriffe Ladungszahl, Oxidationszahl und Bindigkeit wird der alte, aus dem Jahre 1852 stammende Begriff „Wertigkeit" überflüssig.
Der wichtigste Anwendungsbereich der Oxidationszahlen ist das „Richtigstellen" von Reaktionsgleichungen. Darunter versteht man die Ermittlung der stöchiometrischen Zahlen, die vor die Formeln geschrieben werden müssen. Es wird selten darauf hingewiesen, dass es sich hierbei stets um Berechnungen handelt. Wer die Mühe nicht scheut, kann dafür auch Größengleichungen aufstellen, z. B.

$$a\,Fe_3O_4 + b\,Al \longrightarrow x\,Fe + y\,Al_2O_3.$$

Zu berechnen sind vier stöchiometrische Zahlen a, b, x und y:
Da man eine der vier stöchiometrischen Zahlen frei wählen kann, reichen drei zusätzliche Gleichungen aus. Aufgestellt werden sie unter Berücksichtigung der Anzahl der gebundenen Atome, z. B. enthalten drei Formeleinheiten des Eisenoxids 12 Oxidionen, also genauso viel wie vier Formeleinheiten des Aluminiumoxids. Die entsprechende Gleichung lautet daher $4a = 3y$. Insgesamt erhalten wir:

$$\begin{aligned} x &= 3a \quad &\text{(Gleichung 1)},\\ b &= 2y \quad &\text{(Gleichung 2)},\\ 4a &= 3y \quad &\text{(Gleichung 3)}. \end{aligned}$$

Setzt man die stöchiometrische Zahl vor der kompliziertesten Verhältnisformel, in diesem Fall ist das Fe_3O_4, gleich 1, so ergibt sich:

$$a = 1; \qquad x = 3; \qquad y = \frac{4}{3}; \qquad b = \frac{8}{3}.$$

Da keine gebrochenen stöchiometrischen Zahlen vorkommen sollen, werden alle Werte mal drei genommen:

$$a = 3; \qquad x = 9; \qquad y = 4; \qquad b = 8.$$

und die richtige Reaktionsgleichung lautet:

$$3\,Fe_3O_4 + 8\,Al \longrightarrow 9\,Fe + 4\,Al_2O_3.$$

Auch mithilfe der Oxidationszahlen hätte man sie schnell ausgleichen können:

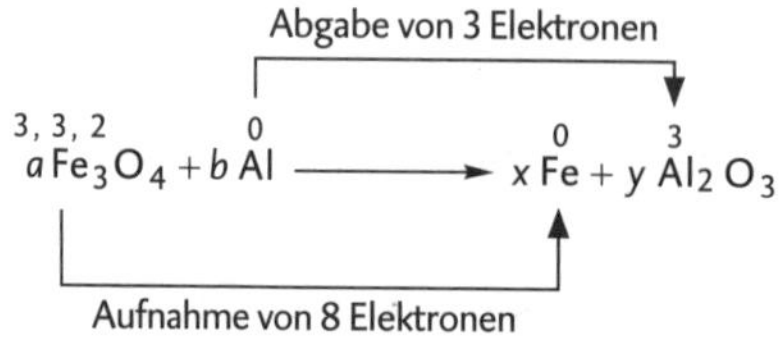

Das „kleinste gemeinsame Vielfache" der Zahlen 3 und 8 ist 24. Wenn $a = 3$ ist, werden 24 Elektronen aufgenommen, dazu muss b den Wert 8 annehmen. Aus 3 Formeleinheiten Fe_3O_4 entstehen 9 Eisenatome und aus 8 Aluminiumatomen 4 Formeleinheiten Al_2O_3.
Komplizierte Redoxgleichungen sollte man immer unter Verwendung der Oxidationszahlen richtig stellen. Dadurch erhält man schnell mehrere stöchiometrische Zahlen, die noch fehlenden ergeben sich dann fast immer ganz einfach. Als Beispiel soll die Umsetzung von Kaliumchromatlösung mit Ethanol in schwefelsaurer Lösung dienen. Als Reaktionsprodukte entstehen Kaliumsulfat, Chrom(III)-sulfat, Ethansäure und Wasser:

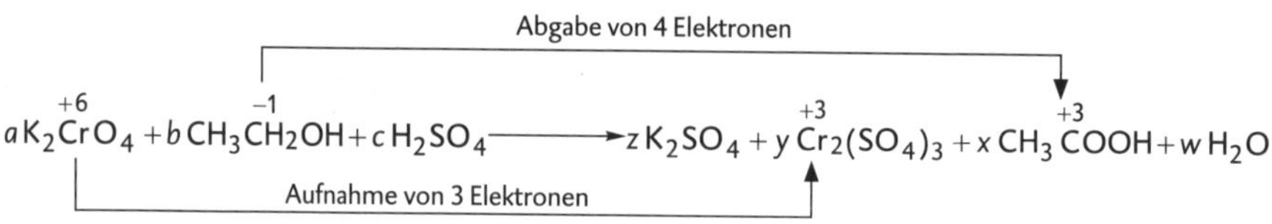

Die Anzahl der aufgenommenen und abgegebenen Elektronen ist gleich, wenn die stöchiometrischen Zahlen folgende Werte annehmen: $a = 4$ und $b = 3$.
Daraus folgen dann $z = 4$, $y = 2$ und $x = 3$ sowie $c = 10$ und zuletzt $w = 13$.

$$4\,K_2CrO_4 + 3\,CH_3CH_2OH + 10\,H_2SO_4 \longrightarrow 4\,K_2SO_4 + 2\,Cr_2(SO_4)_3 + 3\,CH_3COOH + 13\,H_2O.$$

Solche Reaktionsgleichungen zählen zu den schwierigsten, die überhaupt vorkommen können.

Reaktionsgleichungen oder chemische Gleichungen beschreiben chemische Reaktionen, wobei an Stelle der Stoffnamen Formeln angegeben werden. Der Begriff „Formel" ist ein Oberbegriff, meist muss man genauer unterscheiden.
Bestehen die Stoffe aus Molekülen, so wird in der Regel die Summenformel aufgeführt.

Bei Salzen, wie Natriumchlorid oder Eisenoxid, liegen Ionen vor. Hier gibt man die Verhältnisformel (empirische Formel) an: „NaCl“ und „Fe_3O_4“ beschreiben winzige Ausschnitte aus den Ionengittern dieser Stoffe.
Probleme gibt es, wenn die Ionenladungen in diesen Verhältnisformeln angegeben werden sollen. Na^+Cl^- ist eine eindeutige Schreibweise, bei komplizierten Ionen können Klammern verwendet werden und in einigen Fällen gibt es keine elegante Lösung wie die folgenden Beispiele zeigen:

K^+F^-	statt	KF,	$Ba^{2+}(Cl^-)_2$	statt	$BaCl_2$,
$(Na^+)_2SO_4{}^{2-}$	statt	Na_2SO_4,	$Pb^{2+}Pb^{2+}Pb^{4+}(O^{2-})_4$	statt	Pb_3O_4.

2.4 Wasserhärte

Die Wasserhärte ist eine in der Praxis außerordentlich wichtige Eigenschaft von Brauchwasser. Hartes Wasser enthält bestimmte Salze, die so genannten **Härtebildner**. Dabei handelt es sich im Wesentlichen um Hydrogencarbonate, Sulfate, zum Teil auch Chloride des Calciums und Magnesiums. Hartes Wasser hat eine Reihe von unerwünschten Eigenschaften: Es besitzt eine relativ hohe Oberflächenspannung und kann daher schlecht benetzen. Wenn Hydrogencarbonate vorliegen, bildet es außerdem beim Erwärmen Niederschläge, z. B.:

$$Ca(HCO_3)_2 \longrightarrow CaCO_3\downarrow + H_2O + CO_2 \quad \text{oder}$$

$$Mg(HCO_3)_2 \longrightarrow MgCO_3\downarrow + H_2O + CO_2 .$$

Zudem hat die Wasserhärte negative Auswirkungen auf die Waschwirkung von Seifen. Auch in diesem Fall bilden sich Niederschläge, bei denen es sich um die in Wasser schwer löslichen Calcium- und Magnesiumsalze der höheren Carbonsäuren, die so genannten „Kalkseifen“, handelt. Dadurch geht Seife für den Waschvorgang verloren und es bilden sich unerwünschte Ablagerungen in Waschbecken und auf Textilfasern:

$$Ca^{2+} + 2\, C_{15}H_{31}COO^- \longrightarrow (C_{15}H_{31}COO^-)_2Ca\downarrow .$$

Reines Wasser ist im Gegensatz dazu „weich“, hat also eine geringere Oberflächenspannung und besitzt auch die anderen genannten Nachteile nicht.
Wegen der großen Bedeutung der Wasserhärte müssen die Wasserwerke heute den Verbrauchern in regelmäßigen Zeitabständen genaue Angaben darüber machen. Es wurde sogar eine eigene Einheit, der **deutsche Härtegrad** (Symbol °d) dafür eingeführt.

Man hat festgelegt, dass die Wasserhärte 1 °d beträgt, wenn

$$c(\text{Härtebildner-Ionen}) = 1{,}783 \cdot 10^{-4}\,\text{mol} \cdot \text{L}^{-1}$$

beziehungsweise

$$c(Ca^{2+}) + c(Mg^{2+}) = 1{,}783 \cdot 10^{-4}\,\text{mol} \cdot \text{L}^{-1}.$$

Der durch Hydrogencarbonate hervorgerufene Anteil der Gesamthärte (Symbol *GH*) wird auch als temporäre Härte oder **Carbonathärte** (*KH*) bezeichnet.
Aus der oben angegebenen Gleichung folgt auch die Größengleichung für die Umrechnung von Angaben der Wasserhärte:

$$c(\text{Härtebildner-Ionen}) = \frac{1{,}783 \cdot 10^{-4}\ \text{mol}}{1\,\text{L} \cdot {}^\circ\text{d}} \cdot GH \qquad [GH] = 1\,{}^\circ\text{d}\,.$$

Für die Dosierung von Waschmitteln ist nur eine grobe Unterteilung in vier Härtebereiche vorgeschrieben. Sie muss auf jeder Packung angegeben werden und ermöglicht einen der örtlichen Wasserhärte angemessenen Einsatz des Produkts:

Härtebereich	Wasserqualität	Gesamthärte
1	weich	< 7 °d
2	mittelhart	7 – 14 °d
3	hart	14 – 21 °d
4	sehr hart	> 21 °d

Beispiel 1:

In einem Gebiet mit der Härtestufe 3 des Trinkwassers wurde die Gesamthärte $GH = 21$ °d gemessen. 80 % der Gesamthärte entfallen auf die Carbonathärte *KH* („temporäre Härte") und 20 % auf die Sulfathärte („permanente Härte"). Magnesiumionen sind in diesem Trinkwasser nur in vernachlässigbarer Konzentration enthalten.

a) Berechnen Sie die Masse der Calciumhydrogencarbonatportion und die Masse der Calciumsulfatportion, die in einem Liter dieses Trinkwassers enthalten sind.

b) 20 Liter dieses Wassers werden zum Waschen eines Kleidungsstückes mit einer Seife verwendet, bei der es sich um Natriumoleat (Formel: $C_{17}H_{33}COO^-Na^+$) handeln soll. Formulieren Sie eine Reaktionsgleichung für die Reaktion des Härtebildners mit der Seife und berechnen Sie, wie viel Gramm Seife zusätzlich benötigt werden.

Lösung:

a) Aus der angegebenen Wasserhärte erhält man die Konzentrationen der gelösten Salze Calciumhydrogencarbonat und Calciumsulfat:

$$c(Ca^{2+}) = 1{,}783 \cdot 10^{-4}\ \frac{mol}{L \cdot °d} \cdot 21\ °d \qquad \text{(Gleichung 1)}.$$

Da 80 % der Wasserhärte auf Calciumhydrogencarbonat und 20 % auf Calciumsulfat entfallen, gilt außerdem:

$$c(Ca(HCO_3)_2) = 0{,}8 \cdot c(Ca^{2+}) \qquad \text{(Gleichung 2)},$$

$$c(CaSO_4) = 0{,}2 \cdot c(Ca^{2+}) \qquad \text{(Gleichung 3)}.$$

Die Berechnung der Masse erfolgt jeweils mithilfe der Beziehungen $c = n/V$ und $m = n \cdot M$. Sie ergeben zusammengefasst:

$$m = M \cdot c \cdot V.$$

Die molaren Massen M betragen:

$$M(Ca(HCO_3)_2) = 162{,}12\ g \cdot mol^{-1} \quad \text{und} \quad M(CaSO_4) = 136{,}14\ g \cdot mol^{-1}.$$

Aus den Gleichungen 1 bis 3 ergeben sich dann die folgenden Werte:

$$m(Ca(HCO_3)_2) = 162{,}12\ \frac{g}{mol} \cdot 1{,}783 \cdot 10^{-4}\ \frac{mol}{L \cdot °d} \cdot 1\ L \cdot 21\ °d \cdot 0{,}8 = 0{,}486\ g,$$

$$m(CaSO_4) = 136{,}14\ \frac{g}{mol} \cdot 1{,}783 \cdot 10^{-4}\ \frac{mol}{L \cdot °d} \cdot 1\ L \cdot 21\ °d \cdot 0{,}2 = 0{,}102\ g.$$

1 Liter dieses Trinkwassers enthält 0,486 g Calciumhydrogencarbonat und 0,102 g Calciumsulfat.

b) Reaktionsgleichung:

$$Ca^{2+} + 2\ C_{17}H_{33}COO^- \longrightarrow (C_{17}H_{33}COO^-)_2Ca^{2+}\downarrow.$$

Daraus folgt für die Stoffmengen:

$$2 \cdot n(Ca^{2+}) = n(C_{17}H_{33}COO^-Na^+) \qquad \text{(Gleichung 1)}.$$

Die Stoffmenge der Calcium-Ionenportion in 20 L Wasser beträgt:

$$n(Ca^{2+}) = c(Ca^{2+}) \cdot V(\text{Lösung})$$
$$= 1{,}783 \cdot 10^{-4}\ \frac{mol}{L \cdot °d} \cdot 21\ °d \cdot 20\ L \qquad \text{(Gleichung 2)}.$$

Daraus erhält man mit $M(C_{17}H_{33}COO^{-}Na^{+}) = 304{,}5\ g \cdot mol^{-1}$ die Masse der Seifenportion:

$$m(C_{17}H_{33}COO^{-}Na^{+}) = 2 \cdot 1{,}783 \cdot 10^{-4}\ \frac{mol}{L \cdot {}^\circ d} \cdot 21\ {}^\circ d \cdot 20\ L \cdot 304{,}5\ \frac{g}{mol}$$
$$= 45{,}6\ g\,.$$

Die Gesamthärte verursacht in diesem Fall einen Mehrverbrauch von 45,6 g Seife.

Beispiel 2:

Die Warmwasser-Zentralheizung eines Einfamilienhauses wird mit 400 Liter Leitungswasser gefüllt und verschlossen. Die Carbonathärte beträgt 15 °d, Magnesiumionen sind nicht vorhanden. Berechnen Sie die Masse des sich in der Heizungsanlage bildenden Kesselsteins (Formel $CaCO_3$), wenn die Carbonathärte nach einiger Zeit auf 3 °d abgesunken ist.

Lösung:

Die Reaktionsgleichung für die Ausfällung des Kalks lautet:

$$Ca^{2+} + 2\,HCO_3^{-} \longrightarrow Ca^{2+}CO_3^{2-}\downarrow + H_2O + CO_2\,.$$

Daraus folgt für die Stoffmengen:

$$n(Ca^{2+}) = n(CaCO_3)\,.$$

$n(Ca^{2+})$ ergibt sich aus der Differenz der beiden Werte für die Härte. Da $n = c \cdot V$ und $m = n \cdot M$ sowie $M(CaCO_3) = 100{,}09\ g \cdot mol^{-1}$, gilt:

$$n(Ca^{2+}) = c(Ca^{2+}) \cdot V(\text{Lösung})$$
$$= 1{,}783 \cdot 10^{-4}\ \frac{mol}{L \cdot {}^\circ d} \cdot (15\ {}^\circ d - 3\ {}^\circ d) \cdot 400\ L = 0{,}856\ mol\,,$$

$$m(CaCO_3) = n(Ca^{2+}) \cdot 100{,}09\ \frac{g}{mol} = 85{,}7\ g\,.$$

In dieser Heizungsanlage lagern sich 85,7 g Kalk ab.

2.5 Aufgaben

1 Berechnen Sie die Größen Masse m, Volumen V, Stoffmenge n und Teilchenanzahl N für die folgenden Stoffportionen:

a) 17 g Chlorgas ($V_m = 22{,}0\ L \cdot mol^{-1}$ bei $\vartheta = 20\ °C$ und $p = 1\,013\ hPa$).

b) 1 Liter Wasser bei 20 °C (Dichte $\rho = 0{,}9982\ g \cdot cm^{-3}$).

c) 0,3 mol Kaliumnitrat ($\rho = 2{,}109\ g \cdot cm^{-3}$ bei 20 °C).

d) 1 Million Heliumatome ($V_m = 22{,}41\ L \cdot mol^{-1}$ bei Normbedingungen).

Als Hilfsmittel steht eine Periodentafel zur Berechnung der molaren Massen M zur Verfügung.

2 Ein Gas hat bei Normbedingungen das molare Volumen $V_m = 22{,}4\ L \cdot mol^{-1}$ und die Dichte $\rho = 1{,}253\ g \cdot L^{-1}$. Das Gas ist brennbar und liefert bei der Reaktion mit Sauerstoff Kohlenstoffdioxid und Wasserdampf.
Wie groß ist die molare Masse M dieses Gases und welche Summenformel haben die Moleküle dieses Gases?

3 Eisensulfid (Verhältnisformel FeS) soll aus Eisen und Schwefel gewonnen werden. Berechnen Sie die Masse der Eisenportion und die Masse der Schwefelportion, die zur Herstellung von 10 g Eisensulfid benötigt werden.
Wie viel mol Eisensulfid entstehen bei diesem Versuch?

4 Ethanol reagiert mit Natrium unter Bildung von Wasserstoff und Natriumethanolat (Formel $C_2H_5O^-Na^+$). Welches Volumen besitzt die bei der Reaktion von 0,1 g Natrium entstehende Wasserstoffportion bei Normbedingungen?
Hinweis: $V_m(H_2) = 22{,}41\ L \cdot mol^{-1}$ bei $p = 1\,013\ hPa$ und $\vartheta = 0°\ C$

5 Im Schülerpraktikum wurden 5 g blaues Kupfersulfat so lange vorsichtig erhitzt, bis ein fast farbloses Produkt entstanden ist. Dabei handelt es sich um kristallwasserfreies Kupfersulfat (Formel: $CuSO_4$). Es wurde nach dem Abkühlen gewogen. Seine Masse betrug $m = 3\,196\ mg$.
Wie lautet die Verhältnisformel des blauen, kristallwasserhaltigen Kupfersulfats?

6 Zur „Elementaranalyse“ wurde eine bei Zimmertemperatur flüssige organische Verbindung mit Kupferoxid zu Kohlenstoffdioxid und Wasser oxidiert. Bekannt ist weiterhin, dass die Verbindung außer den Elementen Kohlenstoff und Wasserstoff auch das Element Sauerstoff enthalten könnte. Gemessen wurden bei diesem Versuch die folgenden Werte:

Volumen der Portion des organischen Stoffs:
$V = 0{,}6\ \text{cm}^3$ (Dichte: $\rho = 0{,}789\ \text{g} \cdot \text{cm}^{-3}$).

Massen der Verbrennungsprodukte:
$m(H_2O) = 559\ \text{mg}$, $m(CO_2) = 908\ \text{mg}$.

Weitere Angaben:
Zur Bestimmung der molaren Masse $M(X)$ des organischen Stoffes wurden 158 mg des Stoffs verdampft.
Das Volumen des Dampfes betrug $V_D = 83{,}4\ \text{cm}^3$ bei den Versuchsbedingungen $p = 1\,000\ \text{hPa} = 100\,000\ \text{Pa}$ und $T = 293\ \text{K}$.
Den Zusammenhang zwischen Druck, Volumen, Stoffmenge und Temperatur einer Gasportion beschreibt die allgemeine Gasgleichung

$$p \cdot V = n \cdot R \cdot T, \qquad \text{Gaskonstante } R = 8{,}315\ \frac{\text{Pa} \cdot \text{m}^3}{\text{K} \cdot \text{mol}}.$$

Bestimmen Sie die Summenformel dieser organischen Verbindung!

3 Anwendungen des Massenwirkungsgesetzes

3.1 Chemisches Gleichgewicht und Massenwirkungsgesetz

Sehr viele chemische Reaktionen lassen sich durch Verändern der Versuchsbedingungen umkehren. Dazu zählt die Abspaltung von Wasser aus kristallwasserhaltigem blauen Kupfersulfat nach der Gleichung

$$CuSO_4 \cdot 5\,H_2O \longrightarrow CuSO_4 + 5\,H_2O\,.$$

Diese Reaktion verläuft bei höheren Temperaturen von links nach rechts, bei niedrigeren Temperaturen in der umgekehrten Richtung.
Eine besondere Art von umkehrbaren Reaktionen liegt bei den chemischen Gleichgewichten vor. Hier beobachtet man einen unvollständigen Ablauf der Reaktion. Sie scheint nach einiger Zeit zum Stillstand zu kommen. Ausgangs- und Endstoffe liegen dann in einem bestimmten Stoffmengenverhältnis vor, das sich bei konstanten äußeren Bedingungen nicht mehr verändert. Das bekannteste Beispiel ist die Bildung eines Esters aus einer Carbonsäure und einem Alkohol. Im Falle der Reaktion von Ethansäure mit Ethanol verläuft diese Reaktion nach der Gleichung

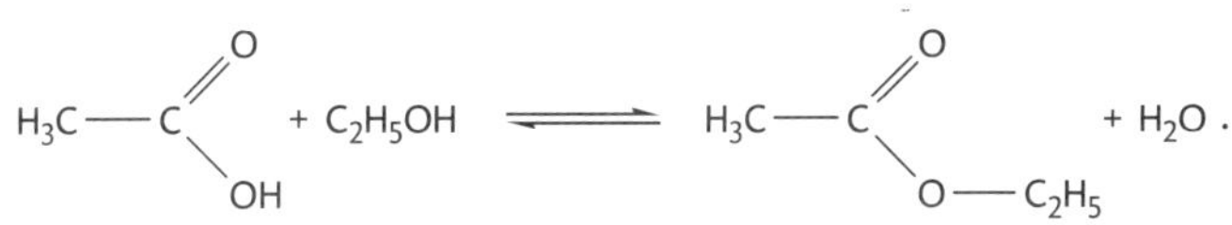

Der Doppelpfeil $\rightleftharpoons$ ist das Symbol für das Gleichgewicht. Da die vier Stoffe Ethansäure, Ethanol, Ethansäureethylester und Wasser eine homogene Mischung bilden, spricht man von einem **homogenen Gleichgewicht**. Durch umfangreiche Messungen wurde festgestellt, dass zwischen den Stoffmengenkonzentrationen der im Gleichgewicht stehenden Stoffe ein mathematischer Zusammenhang besteht. Er wird als **Massenwirkungsgesetz** bezeichnet und lautet in diesem Fall:

$$\frac{c(H_2O) \cdot c(CH_3COOC_2H_5)}{c(CH_3COOH) \cdot c(C_2H_5OH)} = K\,.$$

K heißt **Gleichgewichtskonstante**. Sie besitzt einen von Gleichgewicht zu Gleichgewicht verschiedenen Wert, der außerdem noch von den Versuchsbedingungen, insbesondere der Temperatur und in einigen Fällen auch dem Druck abhängt.

Für jedes chemische Gleichgewicht kann das Massenwirkungsgesetz (MWG) formuliert werden. Allgemein lautet dieses Gesetz für ein homogenes Gleichgewicht

$$a\,\mathrm{A} + b\,\mathrm{B} + \ldots \rightleftharpoons z\,\mathrm{Z} + y\,\mathrm{Y} + \ldots,$$

wobei A, B, … die Formeln der im Gleichgewichtszustand vorliegenden Teilchen und *a*, *b*, … die stöchiometrischen Zahlen sind:

$$\frac{c^{z}(\mathrm{Z}) \cdot c^{y}(\mathrm{Y}) \cdot \ldots}{c^{a}(\mathrm{A}) \cdot c^{b}(\mathrm{B}) \cdot \ldots} = K\,.$$

Wie das Massenwirkungsgesetz im Falle eines heterogenen Gleichgewichts zu formulieren ist, wird im Kapitel 3.3 besprochen. Dort werden wir auch auf die in der Technik besonders wichtigen Gleichgewichte in Gasphasen näher eingehen.
Mathematisch gesehen, ist das Massenwirkungsgesetz für jedes Gleichgewicht eine Gleichung mit so vielen Variablen, wie Stoffe im Gleichgewichtszustand vorliegen. Die Stoffmengenkonzentrationen gehen dabei als Faktoren, die stöchiometrischen Zahlen als Hochzahlen (Exponenten) ein. Der Ausdruck wird meist so angeschrieben, dass die Stoffmengenkonzentrationen der Endstoffe im Zähler, die der Ausgangsstoffe im Nenner stehen. Reaktionsgleichung und Massenwirkungsgesetz sollten aber immer zusammen formuliert werden, um Missverständnisse zu vermeiden.
Die bemerkenswerteste Folgerung aus dem Massenwirkungsgesetz ist, dass sich die Stoffmengenkonzentrationen beim Einstellen des Gleichgewichtszustandes stets so lange verändern, bis der Zahlenwert der Konstante K erreicht ist. Entfernt man also beispielsweise eine Komponente aus dem Reaktionsgemisch, so wird sie so lange wieder nachgebildet, bis die Konzentrationen aller Stoffe Werte angenommen haben, die beim Einsetzen in das Massenwirkungsgesetz die Konstante K ergeben. Beim Zusammengeben der reinen Ausgangsstoffe sind zunächst überhaupt keine Endstoffe vorhanden; der im Massenwirkungsgesetz links vom Gleichheitszeichen stehende Bruch hat also zunächst den Wert 0. Die Endstoffe werden dann durch die einsetzende Reaktion gebildet, bis der Wert des Bruches den für das Gleichgewicht typischen Wert von K erreicht hat.

Beispiel:

100 g Ameisensäure und 100 g Methanol werden vermischt. Das Volumen der Mischung beträgt $V = 208{,}35\ \mathrm{cm}^3$. In Gegenwart eines Katalysators stellt sich das Estergleichgewicht ein. Die Konstante K besitzt bei den gegebenen Versuchsbedingungen den Wert $K = 0{,}44$.

Berechnen Sie die Stoffmengenkonzentrationen aller Reaktionspartner nach der Einstellung des Gleichgewichts. Nehmen Sie dabei an, dass sich das Volumen der Mischung bei diesem Vorgang nicht ändert.

Lösung:

Die Reaktionsgleichung für die Bildung von Methansäuremethylester lautet:

$$HCOOH + CH_3OH \rightleftharpoons HCOOCH_3 + H_2O,$$

und das Massenwirkungsgesetz dazu:

$$\frac{c(HCOOCH_3) \cdot c(H_2O)}{c(HCOOH) \cdot c(CH_3OH)} = K = 0{,}44 .$$

Hinweis: In diesem Fall ist die Konstante K dimensionslos, d. h. ihre Einheit ist 1, weil sich alle Einheiten „herauskürzen" lassen.

1. Schritt:
Mit den molaren Massen
$M(HCOOH) = 46{,}03\ g \cdot mol^{-1}$ und $M(CH_3OH) = 32{,}05\ g \cdot mol^{-1}$
ergeben sich die Stoffmengenkonzentrationen zu Beginn des Versuchs:

$$c(HCOOH) = \frac{m(HCOOH)}{M(HCOOH) \cdot V} = \frac{100\ g}{46{,}03\ g \cdot mol^{-1} \cdot 0{,}20835\ L} = 10{,}43\ mol \cdot L^{-1}$$

und

$$c(CH_3OH) = \frac{m(CH_3OH)}{M(CH_3OH) \cdot V} = \frac{100\ g}{32{,}05\ g \cdot mol^{-1} \cdot 0{,}20835\ L} = 14{,}98\ mol \cdot L^{-1} .$$

2. Schritt:
Die Berechnung der Stoffmengenkonzentrationen aller Reaktionspartner nach der Einstellung des Gleichgewichts erfolgt mithilfe des Massenwirkungsgesetzes, wobei zu berücksichtigen ist, dass aus 1 mol Säure und 1 mol Alkohol genau 1 mol Ester und 1 mol Wasser gebildet werden. Um die Rechnung übersichtlicher zu gestalten, wird die Konzentration der Reaktionsprodukte nach Einstellung des Gleichgewichts mit x bezeichnet:

$$x = c(HCOOCH_3) = c(H_2O) .$$

Eingesetzt in das Massenwirkungsgesetz ergibt sich:

$$\frac{x^2}{(c(HCOOH) - x) \cdot (c(CH_3OH) - x)} =$$

$$\frac{x^2}{(10{,}43\ mol \cdot L^{-1} - x) \cdot (14{,}98\ mol \cdot L^{-1} - x)} = 0{,}44 .$$

Diese quadratische Gleichung lässt sich umformen in:

$$x^2 = 0{,}44 \cdot ((10{,}43\ \mathrm{mol \cdot L^{-1}} - x) \cdot (14{,}98\ \mathrm{mol \cdot L^{-1}} - x)).$$

Daraus folgt

$$0{,}56\,x^2 + 11{,}18\ \mathrm{mol \cdot L^{-1}} \cdot x - 68{,}71\ \mathrm{mol^2 \cdot L^{-2}} = 0.$$

In der mathematischen Formelsammlung findet man die Gleichung zur Auflösung dieses Ausdrucks nach x:

$$x_{1,2} = \frac{-11{,}18\ \mathrm{mol \cdot L^{-1}} \pm \sqrt{(-11{,}18\ \mathrm{mol \cdot L^{-1}})^2 + 4 \cdot 0{,}56 \cdot 68{,}71\ \mathrm{mol^2 \cdot L^{-2}}}}{2 \cdot 0{,}56}.$$

Die Berechnung des Wurzelausdrucks ergibt $16{,}70\ \mathrm{mol \cdot L^{-1}}$, dadurch erhält eine der beiden Lösungen ein negatives Vorzeichen. Sie ist zu verwerfen, weil es keine negativen Konzentrationen gibt. Wir erhalten für die Stoffmengenkonzentration x:

$$x = 4{,}93\ \mathrm{mol \cdot L^{-1}}.$$

Die Stoffmengenkonzentrationen betragen nach Einstellung des Gleichgewichts:

$$c(\mathrm{HCOOH}) = 10{,}43\ \mathrm{mol \cdot L^{-1}} - 4{,}93\ \mathrm{mol \cdot L^{-1}} = 5{,}50\ \mathrm{mol \cdot L^{-1}},$$

$$c(\mathrm{CH_3OH}) = 14{,}98\ \mathrm{mol \cdot L^{-1}} - 4{,}93\ \mathrm{mol \cdot L^{-1}} = 10{,}05\ \mathrm{mol \cdot L^{-1}},$$

$$c(\mathrm{HCOOCH_3}) = c(\mathrm{H_2O}) = 4{,}93\ \mathrm{mol \cdot L^{-1}}.$$

Zusammenfassung

- Viele chemische Reaktionen laufen nicht vollständig ab und führen zur Einstellung von Gleichgewichten.
- Zwischen den Konzentrationen aller Stoffe in einem chemischen Gleichgewicht gibt es einen mathematischen Zusammenhang. Er wird als **Massenwirkungsgesetz** bezeichnet.
- Jede zu einem Gleichgewicht führende chemische Reaktion läuft so lange ab, bis das Massenwirkungsgesetz erfüllt ist. Dabei ist es unerheblich, in welchem Stoffmengenverhältnis die Ausgangsstoffe zusammengegeben worden sind.

3.2 Chemische Kinetik und Herleitung des Massenwirkungsgesetzes

Das Massenwirkungsgesetz ist ein für sehr viele Gleichgewichte experimentell nachgeprüftes und bestätigtes Gesetz. Die Herleitung erfolgte erstmals 1867 durch den norwegischen Mathematiker CATO GULDBERG und den norwegischen Chemiker PETER WAAGE.

Um ihre Gedanken nachzuvollziehen, muss man sich kurz mit der chemischen Kinetik beschäftigen. Sie beschreibt die Gesetzmäßigkeiten, die für die Geschwindigkeit chemischer Reaktionen gelten.

Ganz allgemein versteht man unter der **Reaktionsgeschwindigkeit** $\boldsymbol{v}$ den Quotienten aus der Änderung der Stoffmenge ($\Delta n = n_2 - n_1$) einer an der Reaktion beteiligten Komponente und der dazu benötigten Zeit ($\Delta t = t_2 - t_1$). Bei Reaktionen in einer einzigen Phase, den so genannten **homogenen Reaktionen**, wird statt der Änderung der Stoffmenge meist die Änderung der Stoffmengenkonzentration ($\Delta c = c_2 - c_1$) gewählt. Dadurch ergeben sich für die Geschwindigkeit einer chemischen Reaktion die folgenden Definitionsgleichungen:

$$\text{Reaktionsgeschwindigkeit: } v = \left| \frac{n_2 - n_1}{t_2 - t_1} \right| \quad \text{oder} \quad v = \left| \frac{c_2 - c_1}{t_2 - t_1} \right| .$$

Sollen Reaktionsgeschwindigkeiten gemessen werden, ist bei der Anwendung dieser Gleichungen darauf zu achten, dass die Stoffmengen und Konzentrationen der Ausgangsstoffe abnehmen, die der Endstoffe aber zunehmen. Wird also eine Ausgangsstoff-Konzentration gemessen, ist $c_2 < c_1$. Aus diesem Grund steht in der oben angegebene Gleichung das Symbol | |, was bedeutet, dass der Betrag eines mathematischen Ausdrucks einzusetzen ist.

Reaktionsgeschwindigkeiten hängen von mehreren Einflussfaktoren ab. Hier ist vor allem die Temperatur zu nennen, deren Wirkung durch die **RGT-Regel** beschrieben wird. Sie besagt, dass die Reaktionsgeschwindigkeit bei einer Temperaturerhöhung von $\Delta T = 10$ K etwa verdoppelt wird. Bei homogenen Gleichgewichten geht ein weiterer Einfluss von den Konzentrationen der Reaktionspartner aus. Unter dem **Geschwindigkeitsgesetz** der Reaktion versteht man den mathematischen Zusammenhang zwischen der Reaktionsgeschwindigkeit und den Konzentrationen der Reaktionspartner.

Im einfachsten Fall ist die Reaktionsgeschwindigkeit der Konzentration eines einzigen Stoffes proportional. Dies gilt für den radioaktiven Zerfall eines Elements oder für die Entfärbung des blauen Farbstoffs Kristallviolett in einer wässrigen alkalischen Lösung. Die Geschwindigkeitsgesetze lauten für diese beiden Fälle, wobei das Symbol Ra für das radioaktive Element Radium und KV für den Farbstoff Kristallviolett steht:

$$v = \left| \frac{n_2 - n_1}{t_2 - t_1} \right| = k \cdot n(\text{Ra}); \qquad v = \left| \frac{c_2 - c_1}{t_2 - t_1} \right| = k \cdot c(\text{KV}).$$

Für den Zerfall des Radiums wurde die Gleichung mit der Änderung der Stoffmenge, für die Entfärbung von Kristallviolett mit der Konzentrationsänderung formuliert. Bei *k* handelt es sich jeweils um eine Proportionalitätskonstante. Sie wird als **Geschwindigkeitskonstante** bezeichnet. Ihr Wert muss experimentell bestimmt werden.

Wenn man *n* gegen die Zeit *t* aufträgt, ergibt sich für den Zerfall der radioaktiven Elements Radium die folgende Kurve:

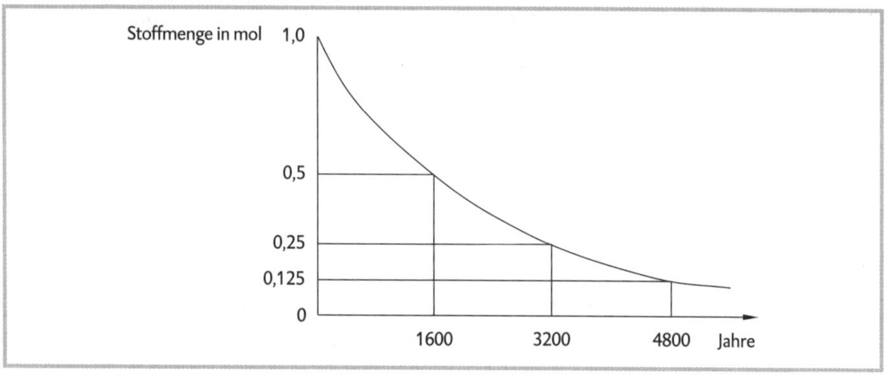

Abb. 2: Zerfall einer Radiumportion in Abhängigkeit von der Zeit

Zur Messung der Reaktionsgeschwindigkeit muss die Stoffmenge *n* (oder die Stoffmengenkonzentration *c*) zu zwei verschiedenen Zeiten gemessen werden. Streng genommen, liefert diese Messung nur die Durchschnittsgeschwindigkeit im angegebenen Zeitintervall. Die Geschwindigkeit zur Zeit *t* ist gleich der Steigung der Tangente an dieser Stelle.

Sowohl der radioaktive Zerfall als auch die Entfärbung von Kristallviolett sind praktisch vollständig ablaufende Reaktionen. Die Einstellung eines Gleichgewichts kann in diesen Fällen nicht festgestellt werden.

Zu einem chemischen Gleichgewicht führt die Bildung eines Esters aus einer Carbonsäure und einem Alkohol. Als Beispiel wird die Reaktion von Ethansäure mit Ethanol gewählt:

Reaktionsgleichung:

$$CH_3COOH + C_2H_5OH \rightleftharpoons CH_3COOC_2H_5 + H_2O.$$

Gibt man reine Ethansäure und reines Ethanol zusammen, so gehorcht die ablaufende Reaktion dem folgenden Geschwindigkeitsgesetz:

$$v_{Hinreaktion} = k_1 \cdot c(CH_3COOH) \cdot c(C_2H_5OH), \qquad \text{„Hinreaktion“}.$$

Die Esterbildung verläuft danach anfangs mit hoher Geschwindigkeit. Sie nimmt mit abnehmender Konzentration der Ausgangsstoffe immer mehr ab.
Dieses Geschwindigkeitsgesetz lässt sich über die Gesetzmäßigkeiten der Statistik erklären. Voraussetzung für das Eintreten einer Reaktion ist das Zusammentreffen der Teilchen. Dies tritt um so häufiger ein, je höher die Konzentration ist. Das gilt für beide Reaktionspartner. Also gilt einerseits $v_{Hinreaktion} \sim c(CH_3COOH)$ und $v_{Hinreaktion} \sim c(C_2H_5OH)$ und damit nach den Gesetzen der Mathematik auch $v_{Hinreaktion} \sim c(CH_3COOH) \cdot c(C_2H_5OH)$.
Das entsprechende Geschwindigkeitsgesetz gilt für die Spaltung des Esters in Säure und Alkohol, also für die „Rückreaktion“ :

$$v_{Rückreaktion} = k_2 \cdot c(CH_3COOC_2H_5) \cdot c(H_2O), \qquad \text{„Rückreaktion“}.$$

Sie kommt in Gang, sobald sich etwas Ester und Wasser gebildet haben.
Aus diesen beiden mathematischen Ausdrücken folgt, dass es einen Zustand geben muss, in dem keine Veränderung der Konzentrationen mehr möglich ist, weil Hin- und Rückreaktion mit gleicher Geschwindigkeit ablaufen. Dies ist der Zustand, in dem Gleichgewicht herrscht. Dieses Gleichgewicht ist ein **dynamisches Gleichgewicht**, weil Hin- und Rückreaktion nicht zum Stillstand kommen, sondern mit gleicher Geschwindigkeit ablaufen.
Mathematisch formuliert lautet die **Gleichgewichtsbedingung**:

$$v_{Hinreaktion} = v_{Rückreaktion}.$$

Durch Einsetzen erhält man daraus das Massenwirkungsgesetz:

$$k_1 \cdot c(CH_3COOH) \cdot c(C_2H_5OH) = k_2 \cdot c(CH_3COOC_2H_5) \cdot c(H_2O),$$

oder umgeformt und unter Berücksichtigung, dass der Quotient zweier Konstanten wieder eine Konstante ist:

$$\frac{c(H_2O) \cdot c(CH_3COOC_2H_5)}{c(CH_3COOH) \cdot c(C_2H_5OH)} = \frac{k_1}{k_2} = K.$$

Eine allgemein gültige Herleitung ist auch mithilfe des Gleichungssystems der chemischen Energetik möglich. Sie führt zum gleichen Ergebnis.

Beispiel 1:

Cyclopropan hat die Summenformel C_3H_6, die drei Kohlenstoffatome bilden einen Ring. Bei erhöhter Temperatur wandelt sich Cyclopropan langsam in Propen ($CH_3{-}CH{=}CH_2$) um.
In einem Experiment wurden folgende Konzentrationen gemessen:

Zeit t in Minuten	0	5	10	15
c(Cyclopropan) in $mol \cdot L^{-1}$	$1{,}5 \cdot 10^{-3}$	$1{,}24 \cdot 10^{-3}$	$1{,}00 \cdot 10^{-3}$	$0{,}83 \cdot 10^{-3}$

Bestimmen Sie die durchschnittliche Reaktionsgeschwindigkeit für die Zeitspanne zwischen $t = 5$ min und $t = 10$ min.

Lösung:

$$v = \left| \frac{c_2 - c_1}{t_2 - t_1} \right| = \left| \frac{1{,}00 \cdot 10^{-3}\,mol \cdot L^{-1} - 1{,}24 \cdot 10^{-3}\,mol \cdot L^{-1}}{600\,s - 300\,s} \right| = 8 \cdot 10^{-7}\,mol \cdot L^{-1} \cdot s^{-1}.$$

Die durchschnittliche Reaktionsgeschwindigkeit in der angegebenen Zeitspanne beträgt $8 \cdot 10^{-7}\ mol \cdot L^{-1} \cdot s^{-1}$.

Beispiel 2:

Leiten Sie das Massenwirkungsgesetz für das Gleichgewicht her, das sich bei der Synthese von Iodwasserstoff aus Iod und Wasserstoff einstellt. Die Temperatur soll so hoch liegen, dass alle an der Reaktion beteiligten Stoffe als Gase vorliegen.

Lösung:

Die Reaktionsgleichung lautet:

$$H_2 + I_2 \rightleftharpoons 2\,HI.$$

Für die Hin- und die Rückreaktion werden folgende Geschwindigkeitsgesetze angenommen:

$$v_{Hinreaktion} = k_1 \cdot c(H_2) \cdot c(I_2), \qquad v_{Rückreaktion} = k_2 \cdot c(HI) \cdot c(HI) = c^2(HI).$$

Im Gleichgewichtszustand sind die beiden Geschwindigkeiten gleich. Daraus folgt das Massenwirkungsgesetz zu

$$\frac{c^2(HI)}{c(H_2) \cdot c(I_2)} = \frac{k_1}{k_2} = K.$$

Dabei ist bemerkenswert, dass die Konzentration der Iodwasserstoffmoleküle als Quadrat in das Geschwindigkeitsgesetz eingeht. Den Grund dafür liefert wieder die Statistik. Die Reaktion kommt zustande, wenn ein Iodwasserstoffmolekül (A) ein anderes Iodwasserstoffmolekül (B) trifft und umgekehrt. Die Verdoppelung der Konzentration c(HI) bewirkt also, dass sowohl (A) doppelt so häufig einen Partner (B) trifft als auch (B) doppelt so häufig einen Partner (A).

Zusammenfassung

- Chemische Gleichgewichte sind **dynamische Gleichgewichte**. Im Gleichgewichtszustand laufen zwei entgegengesetzte Reaktionen ab, die sich ausgleichen (kompensieren).
- Eine Herleitung des Massenwirkungsgesetzes ist in einigen Fällen mithilfe der Geschwindigkeitsgesetze für die Hinreaktion und die Rückreaktion möglich.
- Die allgemein gültige Herleitung des Massenwirkungsgesetzes kann über das Gleichungssystem der chemischen Energetik erfolgen, deren Grundlagen später besprochen werden.

3.3 Die Gleichgewichtskonstanten K_c und K_p

Bei Gleichgewichten, bei denen alle beteiligten Stoffe in Lösung vorliegen, wird das Massenwirkungsgesetz am besten unter Verwendung der Stoffmengenkonzentrationen formuliert, da diese meist leicht messbar sind.

Bei Gasgleichgewichten ist ein anderes Konzentrationsmaß besser geeignet. Für Gase gilt das **AVOGADRO-Gesetz**. Es besagt, dass Portionen beliebiger Gase mit gleichem Volumen bei konstantem Druck und konstanter Temperatur die gleiche Anzahl kleinster Teilchen enthalten. Bei $T = 273$ K und $p = 1\,013$ hPa nimmt eine Gasportion mit der Stoffmenge 1 mol ein Volumen von 22,4 L ein, unabhängig davon, um welches Gas es sich handelt. Jede Gasportion mit der Stoffmenge $n = 1$ mol enthält ja die gleiche Anzahl kleinster Teilchen, nämlich $6{,}02 \cdot 10^{23}$. Verdoppelt man die Teilchenanzahl unter sonst gleichen Bedingungen, zum Beispiel durch Einpressen eines anderen Gases in ein mit einem Gas gefüllten Gefäß, so steigt auch der Druck auf das Doppelte. Dieser Druck p ist also gleich der Summe der Drücke der Komponenten. Bezeichnet man sie mit A und B, ergibt sich

$$p = p(\mathrm{A}) + p(\mathrm{B})\,.$$

p(A) und p(B) werden als **Partialdrücke** („Teildrücke") bezeichnet.

Aus dem AVOGADRO-Gesetz folgt auch, dass Stoffmengenkonzentration und Partialdruck einer bestimmten Gasportion in dieser Gasmischung zueinander proportionale Größen sind. Eine Verdoppelung des Partialdrucks bedeutet immer auch eine Verdoppelung der Stoffmengenkonzentration. Für Gasgleichgewichte kann daher das Massenwirkungsgesetz auch unter Verwendung der Partialdrücke formuliert werden. Als Beispiel soll das schon erwähnte Iodwasserstoff-Gleichgewicht dienen:

$$H_2 + I_2 \rightleftharpoons 2\,HI,$$

$$\frac{c^2(HI)}{c(H_2)\cdot c(I_2)} = K_c, \qquad \frac{p^2(HI)}{p(H_2)\cdot p(I_2)} = K_p.$$

Die beiden Gleichgewichtskonstanten werden als K_c und K_p bezeichnet. Sie haben in diesem Fall sogar die gleiche Einheit und den gleichen Zahlenwert. Das liegt daran, dass alle Einheiten herausgekürzt werden können. Das Gleiche gilt für die Umrechnungsfaktoren von den Konzentrationen c in die Partialdrücke p. Schwieriger liegen die Verhältnisse beim bekannten Ammoniak-Gleichgewicht. Hier lautet die Reaktionsgleichung

$$N_2 + 3\,H_2 \rightleftharpoons 2\,NH_3,$$

und das Massenwirkungsgesetz

$$\frac{c^2(NH_3)}{c(N_2)\cdot c^3(H_2)} = K_c, \qquad \frac{p^2(NH_3)}{p(N_2)\cdot p^3(H_2)} = K_p.$$

Da sich die Anzahl der Teilchen bei der Synthese von Ammoniak aus den Elementen ändert, haben die beiden Gleichgewichtskonstanten K_c und K_p verschiedene Einheiten. Sie unterscheiden sich auch in den Zahlenwerten. Stoffmengenkonzentrationen werden in $mol \cdot L^{-1}$ und Partialdrücke in Pascal ($1\ Pa = 1\ N \cdot m^{-2}$) oder in Bar (1 bar = 100 000 Pa) angegeben. Daher sind die Einheiten der Konstanten K_c und K_p:

$$[K_c] = 1\ L^2 \cdot mol^{-2}, \qquad [K_p] = 1\ Pa^{-2} \quad \text{oder} \quad [K_p] = 1\ bar^{-2}.$$

Für solche Gleichgewichte ist die Umrechnung von K_c in K_p oder umgekehrt nicht ganz einfach. Das ist eigentlich nur etwas für ausgesprochene „Rechenkünstler" und soll an dieser Stelle nur kurz angedeutet werden. Benötigt wird dazu der Zusammenhang zwischen dem Partialdruck p und der Stoffmengenkonzentration c. Diesen liefert die **allgemeine Gasgleichung**, die den Zusammenhang zwischen Druck, Volumen und Temperatur einer Gasportion beschreibt und im Physikunterricht behandelt wird:

$$p \cdot V = n \cdot R \cdot T.$$

R ist die **universelle Gaskonstante** und hat den Wert $R = 8{,}315\ \mathrm{J \cdot K^{-1} \cdot mol^{-1}}$.* Leider gehorchen nur die so genannten idealen Gase dieser Gleichung. Dazu zählen bei Normbedingungen z. B. die Gase Wasserstoff und Sauerstoff. Bei hohen Temperaturen und geringen Drücken verhalten sich aber fast alle Gase ideal.
Für die Ammoniakportion im Gleichgewicht gilt also

$$p(NH_3) \cdot V = n(NH_3) \cdot R \cdot T.$$

Zu beachten ist dabei, dass es sich bei V um das Volumen der Gasmischung und nicht etwa um das Volumen der Ammoniakportion in dieser Mischung handelt. Da

$$c(NH_3) = \frac{n(NH_3)}{V},$$

ergibt sich aus der allgemeinen Gasgleichung

$$p(NH_3) = c(NH_3) \cdot R \cdot T.$$

Entsprechende Gleichungen gelten für alle anderen Bestandteile der Mischung. Wir formulieren das Massenwirkungsgesetz mit K_p und erhalten durch Einsetzen den Zusammenhang zwischen den beiden Gleichgewichtskonstanten:

$$K_p = \frac{p^2(NH_3)}{p(N_2) \cdot p^3(H_2)} = \frac{c^2(NH_3) \cdot R^2 \cdot T^2}{c(N_2) \cdot R \cdot T \cdot c^3(H_2) \cdot R^3 \cdot T^3} = K_c \cdot \frac{1}{R^2 \cdot T^2}.$$

Unter den in der Technik bedeutenden Gleichgewichten kommen sehr viele **heterogene Gleichgewichte** vor. Dabei sind nicht alle beteiligten Stoffe Gase. Das Reaktionsgemisch enthält zwei räumlich voneinander getrennte Bereiche, also zwei Phasen. Als Beispiel kann das **BOUDOUARD-Gleichgewicht** dienen, das bei vielen technischen Vorgängen eine Rolle spielt. Dabei reagiert gasförmiges Kohlenstoffdioxid mit Kohlenstoff unter Bildung des Gases Kohlenstoffmonooxid. Der als Feststoff vorliegende Kohlenstoff bildet eine eigene Phase:

$$CO_2(g) + C(s) \rightleftharpoons 2\ CO(g).$$

Das Massenwirkungsgesetz lautet für dieses Gleichgewicht:

$$\frac{p^2(CO)}{p(CO_2)} = K_p.$$

Für andere heterogene Gleichgewichte gelten entsprechende Ausdrücke. Ein Partialdruck der als Feststoff vorliegenden Komponente taucht in diesen Gleichgewichten überhaupt nicht auf. Sonst bleibt alles beim Alten.

* Es gilt auch $R = 8{,}315\ \mathrm{Pa \cdot m^3 \cdot K^{-1} \cdot mol^{-1}}$, da $1\ \mathrm{J} = \mathrm{N \cdot m} = 1\ \mathrm{Pa \cdot m^3}$

Beispiel:

Im Jahre 1908 hat Fritz Haber Ammoniak aus den Elementen hergestellt. Bei 550 °C und einem Druck von $p = 20$ MPa beträgt der Volumenanteil der Ammoniakportion nach der Einstellung des Gleichgewichts $\varphi(NH_3) = 13\,\%$, wenn die Ausgangsstoffe Stickstoff und Wasserstoff im Volumenverhältnis 1:3 zusammengegeben worden sind.
Berechnen Sie K_p! Die Partialdrücke sollen dabei einmal in Pascal und einmal in Bar angegeben werden (Hinweis: 1 bar = 100 000 Pa).

Lösung:

Die drei Partialdrücke $p(N_2)$, $p(H_2)$ und $p(NH_3)$ müssen zuerst berechnet werden. Aus den Angaben im Aufgabentext folgt:

$$p(NH_3) = \varphi(NH_3) \cdot p = 0{,}13 \cdot 20\ \text{MPa} = 2{,}6\ \text{MPa} \qquad \text{(Gleichung 1)}.$$

Außerdem gilt, da sich der Druck p durch Addition der Partialdrücke ergibt und die Gase Stickstoff und Wasserstoff im Volumenverhältnis 1:3 vorliegen:

$$p(NH_3) + p(N_2) + p(H_2) = 20\ \text{MPa} \qquad \text{(Gleichung 2)},$$

und

$$3 \cdot p(N_2) = p(H_2) \qquad \text{(Gleichung 3)}.$$

Durch Einsetzen von Gleichung 1 und Gleichung 3 in Gleichung 2 folgt:

$$2{,}6\ \text{MPa} + 4\,p(N_2) = 20\ \text{MPa} \quad \text{und} \quad p(N_2) = 4{,}35\ \text{MPa},$$

$$p(H_2) = 20\ \text{MPa} - 2{,}6\ \text{MPa} - 4{,}35\ \text{MPa} = 13{,}05\ \text{MPa}.$$

Eingesetzt in das Massenwirkungsgesetz ergibt sich K_p zu:

$$\frac{p^2(NH_3)}{p(N_2) \cdot p^3(H_2)} = \frac{(2{,}6\ \text{MPa})^2}{4{,}35\ \text{MPa} \cdot (13{,}05\ \text{MPa})^3} = 7 \cdot 10^{-4}\ \text{MPa}^{-2}.$$

Bei einem Druck von 20 MPa und einer Temperatur von 550 °C beträgt die Gleichgewichtskonstante $K_p = 7 \cdot 10^{-4}\ \text{MPa}^{-2}$.
Soll die Angabe unter Verwendung der Einheit 1 bar für die Partialdrücke erfolgen, ist nur zu berücksichtigen, dass ein Megapascal (MPa) 10 bar sind:

$$\frac{p^2(NH_3)}{p(N_2) \cdot p^3(H_2)} = \frac{(26\ \text{bar})^2}{43{,}5\ \text{bar} \cdot (130{,}5\ \text{bar})^3} = 7 \cdot 10^{-6}\ \text{bar}^{-2}.$$

Wie man sieht, liegt das Gleichgewicht recht weit auf der Seite der Ausgangsstoffe. Dieser Umstand ist die Ursache für die großen Probleme im Zusammenhang mit der technischen Ammoniaksynthese gewesen.

Zusammenfassung

- Liegen alle an einem chemischen Gleichgewicht beteiligten Stoffe als Gase vor, so wird das Massenwirkungsgesetz am besten unter Verwendung der Partialdrücke der einzelnen Komponenten formuliert. Diese Gleichgewichtskonstante bezeichnet man als K_p.
- Der Druck p einer Gasmischung ist gleich der Summe der Partialdrücke aller Komponenten, aus denen diese Mischung besteht.
- Der Partialdruck $p(A)$ eines Bestandteils der Gasmischung ergibt sich aus dem Volumenanteil φ dieses Bestandteils nach der Gleichung:

  $$p(A) = \varphi(A) \cdot p.$$

- Bei Gleichgewichten, bei denen alle Stoffe in einer Lösung vorliegen, wird das Massenwirkungsgesetz am besten mit den Konzentrationen c formuliert. Diese Gleichgewichtskonstante bezeichnet man als K_c.

3.4 Die Abhängigkeit der Gleichgewichtskonstanten von Temperatur und Druck

Da die Geschwindigkeit jeder Reaktion von der Temperatur abhängt, sind auch die Geschwindigkeitskonstanten k_1 und k_2 für die „Hinreaktion" und die „Rückreaktion" im chemischen Gleichgewicht von der Temperatur abhängig. Bei einer bestimmten Temperaturänderung ändern sich diese Konstanten aber nicht im gleichen Ausmaß. Das hat zur Folge, dass die Gleichgewichtskonstante K ebenfalls von der Temperatur abhängt:

$$K = f(T).$$

Qualitativ lässt sich diese Abhängigkeit mit dem **Prinzip von LE CHATELIER** beschreiben. Eine Temperaturerhöhung begünstigt die endotherme Reaktion. Für den Zerfall von Stickstoffdioxid in Stickstoffmonooxid und Sauerstoff gilt:

$$2\,NO_2 \rightleftharpoons 2\,NO + O_2, \quad \Delta H > 0,$$

$$\frac{p^2(NO) \cdot p(O_2)}{p^2(NO_2)} = \frac{k_1}{k_2} = K_p.$$

Bei einer Erhöhung der Temperatur nimmt k_1 stärker zu als k_2, dadurch wird K_p größer:

Temperatur ϑ	100 °C	300 °C	600 °C
K_p	57 Pa	200 Pa	$6{,}8 \cdot 10^5$ Pa

Die Frage nach der Druckabhängigkeit der Gleichgewichtskonstanten lässt sich ebenfalls mit einem Rückblick auf die bei der Herleitung des Massenwirkungsgesetzes angestellten Überlegungen beantworten. Die Geschwindigkeitskonstanten k_1 und k_2 für die Hinreaktion und die Rückreaktion sind Proportionalitätskonstanten. Das bedeutet, dass sie von den Stoffmengenkonzentrationen bzw. den Partialdrücken unabhängig sind. Daher ist auch K_c von der Konzentration und K_p vom Druck unabhängig. Allerdings gilt das nur, wenn sich die im Gleichgewicht vorliegenden Stoffe ideal verhalten. Das ist weder bei extrem hohen Konzentrationen noch bei extrem hohen Drücken der Fall.

Das **Prinzip vom kleinsten Zwang** (LE CHATELIER-Prinzip) ermöglicht auch Aussagen über die Druckabhängigkeit von Gleichgewichten. Bei Druckerhöhung werden Gleichgewichte zugunsten der Stoffe verschoben, deren Bildung mit einer Verringerung des Volumens verbunden ist. Wir können diesen Sachverhalt auch mathematisch begründen und stellen dazu folgende Überlegung an:

Eine Verdoppelung des Druckes ohne Verschiebung der Lage des Gleichgewichts hätte eine Verdoppelung aller Partialdrücke zur Folge, aus $p(\mathrm{NO})$ wird $p'(\mathrm{NO}) = 2\,p(\mathrm{NO})$ usw. Aus

$$\frac{p^2(\mathrm{NO}) \cdot p(\mathrm{O_2})}{p^2(\mathrm{NO_2})} \quad \text{würde} \quad \frac{4p^2(\mathrm{NO}) \cdot 2p(\mathrm{O_2})}{4p^2(\mathrm{NO_2})} = K' = 2\,K_\mathrm{p}\,.$$

Bei einer Druckerhöhung ohne verstärkte Bildung von Stickstoffdioxid käme es zu einem Anstieg von K_p. Da K_p bei nicht zu starken Druckänderungen konstant bleibt, bedeutet eine Druckerhöhung eine Störung des Gleichgewichtszustandes. Sie muss dadurch wieder ausgeglichen werden, dass aus Stickstoffmonooxid und Sauerstoff Stickstoffdioxid gebildet wird.

Beispiel 1:

Für das Schwefeldioxid-Schwefeltrioxid-Gleichgewicht wurden die Volumenanteile der im Gleichgewicht stehenden Gasportionen bei verschiedenen Temperaturen und einem Druck von p = 1 013 hPa gemessen:

	$\varphi(\mathrm{SO_3})$	$\varphi(\mathrm{SO_2})$	$\varphi(\mathrm{O_2})$
$\vartheta = 500\,°\mathrm{C}$	91 %	6 %	3 %
$\vartheta = 600\,°\mathrm{C}$	76 %	16 %	8 %

Zeigen Sie durch Berechnung, dass die Gleichgewichtskonstante K_p von der Temperatur abhängt!

Lösung:

Reaktionsgleichung:

$$2\,\mathrm{SO_2} + \mathrm{O_2} \rightleftharpoons 2\,\mathrm{SO_3}\,.$$

Bei 500 °C:

$$\frac{p^2(\mathrm{SO_3})}{p^2(\mathrm{SO_2}) \cdot p(\mathrm{O_2})} = \frac{(0{,}91 \cdot 1013\,\mathrm{hPa})^2}{(0{,}06 \cdot 1013\,\mathrm{hPa})^2 \cdot 0{,}03 \cdot 1013\,\mathrm{hPa}} = 7{,}6\,\mathrm{hPa}^{-1} = K_\mathrm{p}\,.$$

Bei 600 °C:

$$\frac{p^2(\mathrm{SO_3})}{p^2(\mathrm{SO_2}) \cdot p(\mathrm{O_2})} = \frac{(0{,}76 \cdot 1013\,\mathrm{hPa})^2}{(0{,}16 \cdot 1013\,\mathrm{hPa})^2 \cdot 0{,}08 \cdot 1013\,\mathrm{hPa}} = 0{,}28\,\mathrm{hPa}^{-1} = K_\mathrm{p}\,.$$

Die Gleichgewichtskonstante K_p nimmt mit steigender Temperatur ab.

Beispiel 2:

Literaturangaben zufolge erhält man nach Einstellung des Ammoniak-Gleichgewichts bei $\vartheta = 450\ °C$ folgende Volumenanteile, wenn die Ausgangsstoffe Stickstoff und Wasserstoff im stöchiometrisch richtigen Volumenverhältnis zusammengegeben worden sind.

	$\varphi(NH_3)$
$p = 10$ bar	2%
$p = 50$ bar	9,2%

Berechnen Sie K_p für die beiden Fälle! Welche Schlussfolgerungen lassen sich aus dem Ergebnis ableiten?

Lösung:

Aus dem Volumenanteil $\varphi(NH_3)$ der Ammoniakportion im Gleichgewicht und dem Druck p der Gasmischung erhält man den Partialdruck $p(NH_3)$. Die Partialdrücke der anderen Komponenten Stickstoff und Wasserstoff verhalten sich wie 1 : 3, weil die Ausgangsstoffe im stöchiometrisch richtigen Verhältnis zusammengegeben worden sind.
Es ergeben sich folgende Werte:

$p = 10$ bar: $p(NH_3) = 0{,}02 \cdot 10\ \text{bar} = 0{,}2\ \text{bar};$

$$p(N_2) = \tfrac{1}{4} \cdot 0{,}98 \cdot 10\ \text{bar} = 2{,}45\ \text{bar};$$

$$p(H_2) = \tfrac{3}{4} \cdot 0{,}98 \cdot 10\ \text{bar} = 7{,}35\ \text{bar}.$$

$p = 50$ bar: $p(NH_3) = 0{,}092 \cdot 50\ \text{bar} = 4{,}6\ \text{bar};$

$$p(N_2) = \tfrac{1}{4} \cdot 0{,}908 \cdot 50\ \text{bar} = 11{,}35\ \text{bar};$$

$$p(H_2) = \tfrac{3}{4} \cdot 0{,}908 \cdot 50\ \text{bar} = 34{,}05\ \text{bar}.$$

Eingesetzt in das Massenwirkungsgesetz:

$p = 10$ bar:
$$\frac{p^2(NH_3)}{p(N_2) \cdot p^3(H_2)} = \frac{(0{,}2\ \text{bar})^2}{2{,}45\ \text{bar} \cdot (7{,}35\ \text{bar})^3} = 4{,}1 \cdot 10^{-5}\ \text{bar}^{-2}.$$

$p = 50$ bar:
$$\frac{p^2(NH_3)}{p(N_2) \cdot p^3(H_2)} = \frac{(4{,}6\ \text{bar})^2}{11{,}35\ \text{bar} \cdot (34{,}05\ \text{bar})^3} = 4{,}7 \cdot 10^{-5}\ \text{bar}^{-2}.$$

Wie man sieht, ändert sich die Gleichgewichtskonstante bei einer Druckerhöhung von 10 bar auf 50 bar nur wenig. Die Rechnung zeigt auch, dass das Massenwirkungsgesetz in der angegebenen Form bei starken Druckänderungen nicht mehr streng gilt.

Zusammenfassung

- Die Gleichgewichtskonstanten sind von der Temperatur abhängige Größen. Qualitativ kann die Temperaturabhängigkeit mithilfe des **Prinzips vom kleinsten Zwang** vorhergesagt werden: Eine Temperaturerhöhung begünstigt die endotherme Reaktion.
- Das Massenwirkungsgesetz in der von uns besprochenen Form ist nur für verdünnte Lösungen bzw. Gemische idealer Gase gültig. Nur dann ist K_c von der Konzentration und K_p vom Druck unabhängig. Andernfalls handelt es sich um Näherungen und man darf keine hohen Ansprüche an die Genauigkeit der Ergebnisse stellen.

3.5 Aufgaben

7 Bei Vorgängen in der Technik ist das Wassergas-Gleichgewicht von Bedeutung:

$$CO_2 + H_2 \rightleftharpoons CO + H_2O.$$

a) Eine Gasanalyse ergab für $T = 600$ K und $p = 1$ bar die folgenden Partialdrücke: $p(CO) = p(H_2O) = 0{,}081$ bar sowie $p(CO_2) = p(H_2) = 0{,}419$ bar. Berechnen Sie die Gleichgewichtskonstante K_p!

b) Die Bestimmung der Gleichgewichtskonstanten ergab für $T = 700$ K den Wert 0,112 und für $T = 1\,500$ K den Wert 2,63.
Berechnen Sie die Zusammensetzung der Gleichgewichtsmischung für die angegebenen Temperaturen unter der Annahme, dass von einem stöchiometrisch richtigen Verhältnis der Ausgangsstoffe ausgegangen worden ist und der Druck $p = 1$ bar beträgt!

8 Durch Reaktion von Ethansäure mit Ethanol ist Ethansäureethylester hergestellt worden. Eine nach der Einstellung des Gleichgewichts durchgeführte quantitative Analyse hat folgende Werte ergeben:
Volumen der Mischung $V = 1$ L,
Massen der Stoffportionen:
$m(CH_3COOH) = 188{,}5$ g; $m(C_2H_5OH) = 144{,}5$ g;
$m(CH_3COOC_2H_5) = 553{,}8$ g und $m(H_2O) = 113{,}2$ g.
Berechnen Sie die Gleichgewichtskonstante K_c!

9 Phosgen (Formel $COCl_2$) ist trotz seiner hohen Giftigkeit ein technisch wichtiger Stoff. Untersuchungen des Gleichgewichts

$$CO(g) + Cl_2(g) \rightleftharpoons COCl_2(g)$$

ergaben für $T = 1\,123$ K die Gleichgewichtskonstante $K_p = 6 \cdot 10^{-6}\ hPa^{-1}$ und für das Gleichgewicht

$$C(s) + CO_2(g) \rightleftharpoons 2\,CO(g)$$

bei der gleichen Temperatur die Gleichgewichtskonstante
$K_p = 1{,}3 \cdot 10^{17}$ hPa.

Formulieren Sie für jedes der beiden Gleichgewichte das Massenwirkungsgesetz und berechnen Sie die Gleichgewichtskonstante K_p für die Direktsynthese von Phosgen aus Kohlenstoff, Kohlenstoffdioxid und Chlor.

10 Das unbeständige Salz Ammoniumhydrogensulfid (Formel $NH_4^+HS^-$) zerfällt schon bei niedrigen Temperaturen in merklichem Umfang in die Gase Ammoniak und Schwefelwasserstoff.
Gibt man 6,16 g Ammoniumhydrogensulfid in ein geschlossenes, luftleeres Gefäß mit dem Volumen $V = 4$ L, so beträgt der Druck nach Einstellung des Gleichgewichts $p = 709$ hPa und es bleibt noch etwas festes Ammoniumhydrogensulfid übrig, dessen Volumen man vernachlässigen kann.

a) Formulieren Sie das Massenwirkungsgesetz für dieses heterogene Gleichgewicht und berechnen Sie die Gleichgewichtskonstante K_p!

b) Wie groß ist die Masse der im Gefäß vorhandenen Portion des festen Ammoniumhydrogensulfids?
Hinweis: Unter den gegebenen Bedingungen beträgt das molare Volumen der Gase $V_m = 34{,}4\ L \cdot mol^{-1}$.

4 Säure-Base-Gleichgewichte in wässrigen Lösungen

4.1 Ionenprodukt des Wassers und pH-Wert

Extrem reines Wasser leitet den elektrischen Strom sehr schlecht, da es nur sehr wenige Ionen enthält. Diese entstehen aus Wassermolekülen in folgender Gleichgewichtsreaktion:

$$H_2O + H_2O \rightleftharpoons H_3O^+ + OH^-$$

Dabei erfolgt ein Protonenübergang zwischen zwei Wassermolekülen. Es entstehen Oxonium-Ionen (Hydronium-Ionen, Formel H_3O^+) und Hydroxid-Ionen (OH^-). Wassermoleküle wirken sowohl als Protonendonator (Säure), als auch als Protonenakzeptor (Base). Solche Teilchen werden als **Ampholyte** bezeichnet, und der Vorgang heißt **Autoprotolyse**.
Das Massenwirkungsgesetz für dieses Gleichgewicht lautet:

$$\frac{c(H_3O^+) \cdot c(OH^-)}{c^2(H_2O)} = K$$

Bei $\vartheta = 25\ °C$ besitzt K den sehr kleinen Wert von $K \approx 3{,}3 \cdot 10^{-18}$. Daran erkennt man, dass dieses Gleichgewicht sehr weit auf der Seite des Ausgangsstoffes liegt.
Das MWG kann für dieses Gleichgewicht stark vereinfacht werden. Dazu wird folgende Überlegung angestellt: Bei 25 °C enthält ein Liter 997 g Wasser, das sind 55,3 mol. Die Stoffmengenkonzentration $c(H_2O)$ beträgt daher $55{,}3\ mol \cdot L^{-1}$. In allen verdünnten Lösungen wird sich dieser recht große Wert nur unwesentlich ändern. Wenn aber $c(H_2O)$ annähernd konstant bleibt, gilt das auch für das Produkt $K \cdot c^2(H_2O)$ und es ergibt sich:

$$c(H_3O^+) \cdot c(OH^-) = K \cdot c^2(H_2O) = K_W$$

Diese neue Konstante erhält das Symbol K_W.
Durch Messungen wurde festgestellt, dass K_W bei 25 °C und einem Druck von $p = 1\,013$ hPa den Wert $K_W = 10^{-14}\ mol^2 \cdot L^{-2}$ besitzt. Dieser Massenwirkungsgesetz-Ausdruck wird auch als „**Ionenprodukt des Wassers**" bezeichnet. Er zählt zu den wichtigsten mathematischen Beziehungen in der Chemie. Aus dem Ionenprodukt des Wassers folgt, dass jede Änderung von $c(H_3O^+)$ auch eine Änderung von $c(OH^-)$ nach sich ziehen muss und umgekehrt.

Da die Stoffmengenkonzentrationen in einem Bereich von vielen Zehnerpotenzen schwanken können, gibt man statt $c(H_3O^+)$ bzw. $c(OH^-)$ meistens die entsprechenden Logarithmen an. Als **pH-Wert** bezeichnet man den negativen Zehnerlogarithmus des Zahlenwerts der Stoffmengenkonzentration der Oxonium-Ionen. Der **pOH-Wert** ist der negative Zehnerlogarithmus des Zahlenwerts der Stoffmengenkonzentration der Hydroxid-Ionen. Die Definitionsgleichungen lauten also:

$$\mathrm{pH} = -\lg\{c(\mathrm{H_3O^+})\} \quad \text{und} \quad \mathrm{pOH} = -\lg\{c(\mathrm{OH^-})\}.$$

Die geschweiften Klammern {} sollen andeuten, dass nur die Zahlenwerte der Stoffmengenkonzentrationen einzusetzen sind, weil Logarithmen Exponenten, also Hochzahlen sind. Man könnte auch schreiben $c(H_3O^+) = 10^{-pH}\ \mathrm{mol \cdot L^{-1}}$.
Den Zusammenhang zwischen pH-Wert und pOH-Wert erhält man aus dem Ionenprodukt des Wassers durch Logarithmieren:

$$\lg\{c(\mathrm{H_3O^+}) \cdot c(\mathrm{OH^-})\} = \lg\{c(\mathrm{H_3O^+})\} + \lg\{c(\mathrm{OH^-})\} = \lg\{K_W\} = -14.$$

Daraus folgt:

$$\mathrm{pH} + \mathrm{pOH} = 14.$$

Da die beiden Stoffmengenkonzentrationen $c(H_3O^+)$ und $c(OH^-)$ in reinem Wasser gleich groß sind, gilt in diesem Fall auch pH = pOH = 7.
In Lösungen mit pH < 7 überwiegen die Oxonium-Ionen. Diese Lösungen reagieren sauer. Lösungen mit pH > 7 enthalten Hydroxid-Ionen im Überschuss und reagieren alkalisch.
Die konventionelle pH-Skala reicht von pH = 0 bis pH = 14. Lösungen mit noch kleineren oder noch größeren pH-Werten sind nicht mehr als verdünnte Lösungen zu betrachten. Für sie gelten die verwendeten Gleichungen nicht mehr.

Beispiel 1:

Ein Schwimmbecken ist 50 m lang, 20 m breit und durchschnittlich 1,5 m tief. Der pH-Wert des Wassers soll 7,2 betragen.
Wie groß ist die Masse der in diesem Becken enthaltenen Oxonium-Ionen und die Masse der enthaltenen Hydroxid-Ionen?

Lösung:

Zur Berechnung verwenden wir die beiden Gleichungen

$$c(\mathrm{H_3O^+}) = n(\mathrm{H_3O^+}) \cdot V^{-1} \quad \text{und} \quad n(\mathrm{H_3O^+}) = m(\mathrm{H_3O^+}) \cdot M^{-1}(\mathrm{H_3O^+}).$$

V ist das Volumen des Beckens.

Die molaren Massen betragen $M(H_3O^+) = 19{,}03\ g \cdot mol^{-1}$ und $M(OH^-) = 17{,}01\ g \cdot mol^{-1}$.
Es ergibt sich:

$$m(H_3O^+) = c(H_3O^+) \cdot V \cdot M(H_3O^+) = \\ = 10^{-7,2}\ mol \cdot L^{-1} \cdot 1{,}5 \cdot 10^6\ L \cdot 19{,}03\ g \cdot mol^{-1} = 1{,}8\ g\ .$$

Die gleiche Rechnung liefert für die Masse der Hydroxid-Ionen $m(OH^-)$ unter der Berücksichtigung, dass pOH = 14 – pH = 6,8:

$$m(OH^-) = c(OH^-) \cdot V \cdot M(OH^-) = \\ = 10^{-6,8}\ mol \cdot L^{-1} \cdot 1{,}5 \cdot 10^6\ L \cdot 17{,}01\ g \cdot mol^{-1} = 4{,}04\ g\ .$$

In diesem großen Schwimmbecken sind bei pH = 7,2 also nur 1,8 g Oxonium-Ionen und 4,03 g Hydroxid-Ionen enthalten.

Beispiel 2:

Berechnen Sie die Anzahl der Oxonium-Ionen in einem Liter reinem Wasser!

Lösung:

Für die Stoffmenge der Oxonium-Ionen in einem Liter reinem Wasser gilt:

$$n(H_3O^+) = c(H_3O^+) \cdot V.$$

Die Anzahl der H_3O^+-Ionen erhält man daraus durch die Multiplikation der Stoffmenge mit der AVOGADRO-Konstante $N_A = 6{,}02 \cdot 10^{23}\ mol^{-1}$:

$$N(H_3O^+) = n(H_3O^+) \cdot N_A = 10^{-7}\ mol \cdot L^{-1} \cdot 1\,L \cdot 6{,}02 \cdot 10^{23}\ mol^{-1} = 6{,}02 \cdot 10^{16}.$$

Trotz der sehr kleinen Stoffmengenkonzentration der Oxonium-Ionen enthält 1 Liter Wasser noch $6{,}02 \cdot 10^{16}$ Oxonium-Ionen, das sind 60 200 Billionen Ionen!

Zusammenfassung

- Das **Ionenprodukt des Wassers** ist eine vereinfachte Form des Massenwirkungsgesetzes für das Autoprotolyse-Gleichgewicht des Wassers:

  $$c(H_3O^+) \cdot c(OH^-) = K_W = 10^{-14}\,\text{mol}^2 \cdot \text{L}^{-2} \quad (\text{bei } \vartheta = 25\,°\text{C}).$$

- Der **pH-Wert** ist der negative Zehnerlogarithmus des Zahlenwerts von $c(H_3O^+)$:

  $$\text{pH} = -\lg\{c(H_3O^+)\}.$$

  Entsprechend definiert man

  $$\text{pOH} = -\lg\{c(OH^-)\}.$$

4.2 Die Säurekonstante K_S und die Berechnung von pH-Werten

pH-Werte werden mithilfe von Säure-Base-Indikatoren oder elektrometrisch mit der Glaselektrode gemessen. Wegen der großen Bedeutung, z. B. im Hinblick auf Umweltprobleme, sollten pH-Werte auch berechnet oder wenigstens abgeschätzt werden können. Das ist mithilfe des Massenwirkungsgesetzes möglich.
Säuren sind Protonendonatoren. Jede Säure (allgemeine Formel HA) reagiert mit Wasser. Der Vorgang wird auch als Dissoziation bezeichnet. Dabei stellt sich das folgende Gleichgewicht ein:

$$HA + H_2O \rightleftharpoons H_3O^+ + A^-.$$

Das Massenwirkungsgesetz lautet ausführlich bzw. dadurch vereinfacht, dass die Stoffmengenkonzentration des Wassers als konstant betrachtet wird:

$$\frac{c(H_3O^+) \cdot c(A^-)}{c(HA) \cdot c(H_2O)} = K \quad \text{und vereinfacht:} \quad \frac{c(H_3O^+) \cdot c(A^-)}{c(HA)} = K_S.$$

Die im vereinfachten Ausdruck vorkommende Konstante K_S wird als **Säurekonstante** bezeichnet. Der negative Zehnerlogarithmus des Zahlenwerts von K_S heißt **pK_S-Wert** („Säureexponent“):

$$\text{p}K_S = -\lg\{K_S\}.$$

Bei den starken Säuren liegt dieses Gleichgewicht weit auf der Seite der Ionen. Sie besitzen große Säurekonstanten und kleine pK_S-Werte. Beispiele für solche Säuren sind Chlorwasserstoff (HCl, pK_S = –6, also $K_S = 10^6$ mol · L^{-1}) oder Salpetersäure (HNO_3, pK_S = –1,32). Bei den schwachen Säuren liegt dieses Gleichgewicht auf der linken Seite. Dazu gehören beispielsweise Phosphorsäure mit pK_S = 1,96 und Essigsäure mit pK_S = 4,76. Säuren mit pK_S-Werten zwischen –1 und +1 zählen zu den mittelstarken Säuren.
Nach der **Brönsted-Theorie** gehört zu jeder Säure eine korrespondierende (konjugierte) Base. Die zum Chlorwasserstoffmolekül (HCl) korrespondierende Base ist das Chlorid-Ion (Cl^-). Es gilt:

$$HCl \rightleftharpoons H^+ + Cl^-.$$

Zu einer starken Säure gehört eine schwache korrespondierende Base und umgekehrt. Oder anders ausgedrückt: Gibt die Säure leicht Protonen ab, so nimmt die korrespondierende Base schwer Protonen auf.
Für die Reaktion einer Base mit Wasser kann ebenfalls ein Protolyse-Gleichgewicht formuliert werden. Wählen wir als Symbol für die Base A^-, so lässt sich schreiben:

$$A^- + H_2O \rightleftharpoons HA + OH^-.$$

Das Massenwirkungsgesetz für diesen Vorgang lautet, bereits in vereinfachter Form angeschrieben:

$$\frac{c(OH^-) \cdot c(HA)}{c(A^-)} = K_B.$$

K_B heißt **Basenkonstante**. Der negative Zehnerlogarithmus des Zahlenwerts der Basenkonstante wird als **pK_B-Wert** („Basenexponent") bezeichnet:

$$pK_B = -\lg\{K_B\}.$$

Analog zu den bei den Säuren gemachten Angaben können wir auch hier von einer starken Base sprechen, wenn dieses Gleichgewicht rechts liegt, also bei pK_B < 1. Schwache Basen besitzen hohe pK_B-Werte. Dazu gehören zum Beispiel Ammoniakmoleküle mit pK_B = 4,76.
Zwischen der Säurekonstante K_S einer Säure und der Basenkonstante K_B ihrer korrespondierenden Base besteht ein einfacher mathematischer Zusammenhang. Das soll am Beispiel der Säure HCl und ihrer korrespondierenden Base Cl^- gezeigt werden:

$$\frac{c(H_3O^+) \cdot c(Cl^-)}{c(HCl)} \cdot \frac{c(OH^-) \cdot c(HCl)}{c(Cl^-)} = K_S \cdot K_B = c(H_3O^+) \cdot c(OH^-) = K_W \,.$$

Das Produkt $K_S \cdot K_B$ ist demnach gleich dem Ionenprodukt des Wassers und daher eine Konstante. Je größer K_S ist, desto kleiner ist K_B. Das ist der mathematische Beweis dafür, dass zu einer starken Säure eine schwache korrespondierende Base gehören muss und umgekehrt.
Die genannten mathematischen Beziehungen bilden die Grundlage zur Berechnung von pH-Werten. Man kommt dabei mit vereinfachten Gleichungen fast immer zu bemerkenswert guten Resultaten. Insgesamt gesehen, lassen sich vier Fälle unterscheiden:

Starke Säuren

Bei Lösungen starker Säuren ($K_S > 10\ \text{mol} \cdot L^{-1}$) kann man davon ausgehen, dass fast alle Moleküle mit Wasser unter Bildung von Ionen reagiert haben. Bezeichnet man die Stoffmengenkonzentration der Säure vor der Einstellung des Gleichgewichts mit c_0, so gilt folgende Näherung:

$$c(H_3O^+) \approx c_0 \qquad \text{(Näherung für starke Säuren)}.$$

Daraus ergibt sich dann der pH-Wert:

$$\text{pH} \approx -\lg\{c_0\} \qquad \text{(Näherung für starke Säuren)}.$$

Will man auf eine Näherung verzichten, kann man auf die im nächsten Abschnitt besprochene Lösung mithilfe des Massenwirkungsgesetzes zurückgreifen.

Die Näherung versagt vor allem in zwei Fällen:
- Bei extrem stark verdünnten Lösungen muss beachtet werden, dass auch reines Wasser Oxonium-Ionen enthält. So besitzt eine Salzsäure mit der Konzentration $c_0 = 10^{-8}\ \text{mol} \cdot L^{-1}$ nicht etwa einen pH-Wert von 8, sondern einen pH-Wert, der geringfügig unter 7 liegt.
- Einige Säuren können mehrere Protonen abgeben. Ein Beispiel ist die Schwefelsäure:

$$H_2SO_4 + H_2O \rightleftharpoons H_3O^+ + HSO_4^- \qquad \text{(1. Protolysestufe)},$$
$$HSO_4^- + H_2O \rightleftharpoons H_3O^+ + SO_4^{2-} \qquad \text{(2. Protolysestufe)}.$$

Der gemessene pH-Wert liegt unter dem nach der Gleichung $\text{pH} \approx -\lg\{c_0\}$ berechneten Wert, weil auch die Hydrogensulfat-Ionen Protonen abgeben. Für eine stark verdünnte Schwefelsäurelösung gilt

$$\text{pH} \approx -\lg\{2 \cdot c_0\}.$$

Schwache Säuren

Zur Lösung dieses Problems muss das Massenwirkungsgesetz herangezogen werden:

$$\frac{c(H_3O^+) \cdot c(A^-)}{c(HA)} = K_S \qquad \text{(Gleichung 1)}.$$

Dieser Ausdruck enthält außer der Säurekonstante drei unbekannte Größen. Zur Berechnung der Stoffmengenkonzentration der Oxonium-Ionen werden also zwei weitere Gleichungen benötigt. Da die beiden Ionen paarweise entstehen und für jedes gebildete Oxonium-Ion ein Säuremolekül (HA) weniger vorhanden ist, gelten zusätzlich:

$$c(H_3O^+) = c(A^-) \qquad \text{(Gleichung 2)},$$

und

$$c(HA) = c_0 - c(H_3O^+) \qquad \text{(Gleichung 3)}.$$

Gleichung 2 und Gleichung 3 in Gleichung 1 eingesetzt, liefert eine quadratische Gleichung:

$$\frac{c^2(H_3O^+)}{c_0 - c(H_3O^+)} = K_S\,.$$

Die Auflösung dieser Gleichung nach $c(H_3O^+)$ kann mithilfe der in der Mathematik-Formelsammlung angegebenen Gleichung erfolgen und liefert:

$$c(H_3O^+) = \frac{-K_S \pm \sqrt{K_S^2 + 4 \cdot K_S \cdot c_0\,(\text{Säure})}}{2}\,.$$

An Stelle dieser etwas mühevollen Prozedur bietet sich auch für diesen Fall eine Näherung an.
Da bei schwachen Säuren nur sehr wenige Moleküle dissoziieren, ist c_0 sehr viel größer als $c(H_3O^+)$ und es gilt:

$$c_0 - c(H_3O^+) \approx c_0\,.$$

Die quadratische Gleichung vereinfacht sich dadurch:

$$c(H_3O^+) \approx \sqrt{K_S \cdot c_0} \qquad \text{(Näherung für schwache Säuren)}.$$

Daraus ergibt sich nach $pH = -lg\{c(H_3O^+)\}$ schließlich der gesuchte pH-Wert.

Logarithmiert man die für schwache Säuren gültige Gleichung, multipliziert dann mit –1 und berücksichtigt, dass $pH = -lg\{c(H_3O^+)\}$ und $pK_S = -lg\{c(K_S)\}$, erhält man eine mathematische Formel, die direkt den pH-Wert liefert:

$$pH = \frac{pK_S - lg\{c_0\}}{2} \qquad \text{(Näherung für schwache Säuren)}.$$

Auch an dieser Stelle sollten wir uns kurz Gedanken über die Grenzen der Gültigkeit der benutzten Näherung machen. Dazu betrachten wir noch einmal die oben angegebene Gleichung 1.

$$\frac{c(H_3O^+) \cdot c(A^-)}{c(HA)} = K_S .$$

Daran erkennt man einen wichtigen Zusammenhang: Beim Verdünnen der Lösung durch Zugabe von Wasser nehmen die Stoffmengenkonzentrationen aller in der Gleichung vorkommenden Teilchen ab, also auch $c(H_3O^+)$. Da K_S eine Konstante ist, muss die schwache Säure also beim Verdünnen in immer größerem Ausmaß in Ionen zerfallen. Im Falle der Essigsäure sind bei $c_0 = 1\ mol \cdot L^{-1}$ etwa 0,4 % aller CH_3COOH-Moleküle dissoziiert, bei $c_0 = 0{,}001\ mol \cdot L^{-1}$ bereits 12,5 %.

Bei so geringen Konzentrationen wird auch das zur pH-Wert-Berechnung gewählte Näherungsverfahren unsicher. Für $c_0 = K_S$ ergibt sich

$$c(H_3O^+) = \sqrt{K_S^2} \quad \text{und} \quad c(H_3O^+) = K_S \qquad \text{(Näherung)},$$

bzw.

$$c(H_3O^+) = \frac{-K_S \pm \sqrt{K_S^2 + 4K_S \cdot K_S}}{2} \approx 0{,}6\,K_S \qquad \text{(quadratische Gleichung)}.$$

Da $pH = -log\{c(H_3O^+)\}$ ergibt sich im Fall der Essigsäure mit $c_0 = 10^{-4{,}76}\ mol \cdot L^{-1}$ $pH = 4{,}76$ (Näherung) bzw. $pH = 4{,}96$ (genaue Berechnung). Die Näherung sollte also nur benutzt werden, wenn $c_0 > K_S$.

Lösungen der Metallhydroxide und Lösungen starker Basen

Die zu den Ionenverbindungen zählenden **Metallhydroxide** reagieren stark basisch. Da es überhaupt keine undissoziierten Metallhydroxidteilchen gibt, erfolgt die Berechnung von $c(OH^-)$ direkt aus der Stoffmengenkonzentration der Metallhydroxidlösung $c_0(Me(OH)_v)$. Es gilt:

$$c(OH^-) = v \cdot c_0(Me(OH)_v) \, .$$

Analog verfährt man auch bei starken Basen, wie sie beispielsweise in Natriumoxid und Natriumamid ($NaNH_2$) vorliegen. Wegen der extremen Lage des Gleichgewichts

$$NH_2^- + H_2O \rightleftharpoons NH_3 + OH^- \quad \text{gilt:} \quad c(OH^-) = c_0(NaNH_2) \, .$$

Schwache Basen

Wird die alkalische Reaktion der Lösung durch eine relativ schwache Base verursacht, also z. B. nach der Gleichung

$$NH_3 + H_2O \rightleftharpoons NH_4^+ + OH^- ,$$

so kann die Berechnung mithilfe der Definitionsgleichung für K_B erfolgen:

$$\frac{c(NH_4^+) \cdot c(OH^-)}{c(NH_3)} = K_B \, .$$

Da der pK_S-Wert von Ammonium-Ionen 9,24 beträgt, ist der pK_B-Wert von Ammoniak $pK_B(NH_3) = 14 - 9{,}24 = 4{,}76$. Ammoniak ist also eine relativ schwache Base. Zur Berechnung von $c(OH^-)$ gilt analog zu dem bei den schwachen Säuren auf S. 47 besprochenen Verfahren:

$$c(OH^-) \approx \sqrt{K_B \cdot c_0\,(\text{Base})} \, .$$

Beispiel 1:

Beim so genannten „Springbrunnenversuch" wird ein 1-Liter-Rundkolben aus Glas mit Chlorwasserstoff gefüllt und enthält danach 0,05 mol Chlorwasserstoff.
Wie groß ist der pH-Wert der entstandenen Salzsäure, wenn der Kolben nach dem Versuch ganz mit Wasser gefüllt ist?

Lösung:

In diesem Fall ist $c_0(HCl) = 0{,}05 \text{ mol} \cdot L^{-1}$. Da Chlorwasserstoff eine starke Säure ist, gilt:

$$c(H_3O^+) \approx c_0(\text{Säure}) = 0{,}05 \text{ mol} \cdot L^{-1} \quad \text{und} \quad pH \approx -\lg(0{,}05) = 1{,}3 \, .$$

Beispiel 2:

Ein im Lebensmittelgeschäft gekaufter Essig hat den pH-Wert 2,4.

a) Wie groß ist die Stoffmengenkonzentration c_0 der enthaltenen Essigsäure, wenn man annimmt, dass der Essig keine anderen Stoffe enthält, die den pH-Wert beeinflussen?

b) Wie groß ist der Massenanteil w der Essigsäure, wenn die Dichte des Essigs $\rho = 1{,}00 \text{ g} \cdot \text{cm}^{-3}$ beträgt?

Lösung:

a) Die Säurekonstante der Essigsäure beträgt $K_S = 1{,}75 \cdot 10^{-5} \text{ mol} \cdot \text{L}^{-1}$. Daraus folgt, dass es sich um eine schwache Säure handelt und es gilt die Näherung

$$c(H_3O^+) \approx \sqrt{K_S \cdot c_0}\ .$$

Damit ergibt sich

$$c_0 \approx \frac{c^2(H_3O^+)}{K_S} = \frac{(10^{-2,4} \text{ mol} \cdot \text{L}^{-1})^2}{1{,}75 \cdot 10^{-5} \text{ mol} \cdot \text{L}^{-1}} = 0{,}906 \text{ mol} \cdot \text{L}^{-1}.$$

b) Die Masse der in einem Liter Speiseessig enthaltenen Essigsäureportion ergibt sich daraus unter Berücksichtigung, dass $n = c_0 \cdot V$ ist und die molare Masse $M(CH_3COOH) = 60 \text{ g} \cdot \text{mol}^{-1}$ beträgt:

$$m(CH_3COOH) = c_0 \cdot V \cdot 60 \text{ g} \cdot \text{mol}^{-1} = 54{,}3 \text{ g}.$$

1 000 g Essig enthalten demnach 54,3 g Essigsäure und der Massenanteil w (Essigsäure) beträgt 5,43 %.

Beispiel 3:

Ein Liter einer gesättigten Lösung von Magnesiumhydroxid enthält $6{,}3 \cdot 10^{-5}$ mol Magnesiumhydroxid.
Wie groß ist der pH-Wert dieser Lösung?

Lösung:

Da auf ein Mg^{2+}-Ion zwei OH^--Ionen kommen und Metallhydroxide nur aus Ionen bestehen, gilt:

$$c(OH^-) = 2 \cdot c(Mg(OH)_2) = 2 \cdot 6{,}3 \cdot 10^{-5} \text{ mol} \cdot \text{L}^{-1} = 1{,}26 \cdot 10^{-4} \text{ mol} \cdot \text{L}^{-1},$$

$$\text{pOH} = 3{,}9,$$

$$\text{pH} = 14 - \text{pOH} = 10{,}1.$$

Der pH-Wert einer gesättigten Magnesiumhydroxidlösung beträgt 10,1.

Beispiel 4:

Für Laborzwecke wurde eine Ammoniaklösung mit der Stoffmengenkonzentration $c_0(NH_3) = 0{,}1\ mol \cdot L^{-1}$ hergestellt. Welchen pH-Wert hat diese Lösung?

Lösung:

Mit einem pK_B-Wert von 4,76 gehört Ammoniak zu den verhältnismäßig schwachen Basen. Die Berechnung des pOH-Wertes erfolgt daher nach der auf S. 49 oben bei den schwachen Basen besprochenen Methode:

$$c(OH^-) \approx \sqrt{c_0 \cdot K_B} = \sqrt{0{,}1\,mol \cdot L^{-1} \cdot 10^{-4{,}76}\,mol \cdot L^{-1}} = 1{,}32 \cdot 10^{-3}\,mol \cdot L^{-1},$$
$$pOH = 2{,}9,$$
$$pH = 14 - 2{,}9 = 11{,}1.$$

Die Ammoniaklösung besitzt einen pH-Wert von 11,1.

Zusammenfassung

pH-Werte werden mithilfe des Massenwirkungsgesetzes berechnet. Für fast alle Fälle reichen Näherungen aus:

• starke Säuren	$c(H_3O^+) \approx c_0$	$pH = -\lg\{c(H_3O^+)\}$
• schwache Säuren	$c(H_3O^+) \approx \sqrt{K_S \cdot c_0}$	
• Metallhydroxidlösungen	$c(OH^-) \approx \nu \cdot c(Me(OH)_\nu)$	$pH = 14 + \lg\{c(OH^-)\}$
• schwache Basen	$c(OH^-) \approx \sqrt{K_B \cdot c_0}$	

Die Näherungslösungen für schwache Säuren und Basen sind nur geeignet, wenn c_0 deutlich größer als die Säure- bzw. Basenkonstante ist.

4.3 pH-Werte von Salzlösungen

Versetzt man Salzsäure mit kleinen Portionen Natronlauge, so steigt der pH-Wert an und erreicht schließlich den Wert 7. Diese Reaktion wird als **Neutralisation** bezeichnet. Sie läuft ab, weil die zugegebenen Hydroxid-Ionen mit den vorhandenen Oxonium-Ionen stets so lange reagieren, bis die durch das Ionenprodukt des Wassers vorgegebenen Werte erreicht sind. Das Reaktionsprodukt ist ein Salz, in diesem Falle Kochsalz.

Heute versteht man unter Salzen nicht nur die bei der Neutralisation gebildeten Stoffe, sondern alle Ionenverbindungen. Ihre Lösungen müssen nicht zwangsläufig neutral reagieren. Die Berechnung von pH-Werten solcher Salzlösungen stellt uns aber vor keine völlig neuen Probleme. Es gilt nur zu bedenken, dass jetzt sowohl die Kationen als auch die Anionen berücksichtigt werden müssen. Die Tabelle zeigt mögliche Fälle:

Kation	Anion	Reaktion	Rechenverfahren	Beispiele
–	–	neutral	(pH = 7)	NaCl, K_2SO_4, $NaNO_3$, KF …
– oder S	– oder S	sauer	wie bei Säuren	$NaHSO_4$, NH_4Cl, $FeCl_3$, …
–	B	alkalisch	wie bei Basen	Na_2CO_3, Na_3PO_4, KCN, …
– oder S	A oder B	?	*	NH_4HCO_3, $(NH_4)_2CO_3$

– keine Protolyse, S Säure, B Base, A Ampholyt

* pH-Berechnung an der Schule nicht möglich. Salze in wässriger Lösung nicht beständig.

Nahezu alle Salze lassen sich einer dieser Gruppen zuordnen. Ob ein Ion als Säure, Base oder Ampholyt einzustufen ist, entnimmt man einer Tabelle der pK_S-Werte. Zum Beispiel findet man über Natrium-Ionen in einer Tabelle der pK_S-Werte keine Angaben. Dieses Kation verhält sich gegenüber Wassermolekülen indifferent. Da Chlorid-Ionen extrem schwache Protonenakzeptoren sind, reagiert eine Kochsalzlösung neutral.

Beim Eisen(III)-chlorid ist das ganz anders. In der Tabelle findet man für das Gleichgewicht

$$[Fe(H_2O)_6]^{3+} \rightleftharpoons H^+ + [Fe(H_2O)_5(OH)]^{2+}$$

den Wert $pK_S = 2{,}22$.

Eisen(III)-Ionen reagieren also stärker sauer als z. B. Essigsäure. Eine Lösung von Eisen(III)-chlorid hat demnach einen pH-Wert von deutlich unter 7.
Andererseits gibt es auch Salze mit relativ stark basisch reagierenden Anionen. Dazu zählen beispielsweise Carbonat-Ionen (CO_3^{2-}). Eine Natriumcarbonatlösung (Na_2CO_3) reagiert daher alkalisch.
In manchen Salzlösungen kann es zu Protonenübergängen von den Kationen zu den Anionen kommen. Ein Beispiel dafür ist das in trockenem Zustand leidlich stabile Ammoniumcarbonat $(NH_4)_2CO_3$. In seiner wässrigen Lösung stellt sich das folgende Gleichgewicht ein:

$$NH_4^+ + CO_3^{2-} \rightleftharpoons NH_3 + HCO_3^-.$$

Das hat zur Folge, dass die Lösung deutlich nach Ammoniak riecht. Eine Berechnung des pH-Werts ist in diesem Fall ohne großen Aufwand nicht mehr möglich.

Beispiel:

Welchen pH-Wert hat eine Lösung von Ammoniumchlorid, wenn $c_0(NH_4Cl) = 0{,}1 \text{ mol} \cdot L^{-1}$ beträgt?

Lösung:

Ammoniumchlorid gehört in die in der Tabelle an zweiter Stelle aufgeführte Gruppe von Salzen, da es die als Säure wirkenden Ammonium-Ionen enthält. Die Chlorid-Ionen sind sehr schwache Basen, reagieren also praktisch nicht mit Wassermolekülen. Für den pH-Wert der Lösung ist das folgende Gleichgewicht entscheidend:

$$NH_4^+ + H_2O \rightleftharpoons NH_3 + H_3O^+ \qquad pK_S(NH_4^+) = 9{,}24.$$

Der pK_S-Wert der Ammonium-Ionen weist auf eine schwache Säure hin. Die Berechnung des pH-Werts kann daher nach der besprochenen Näherung erfolgen:

$$c(H_3O^+) \approx \sqrt{K_S \cdot c_0(NH_4^+)} = \sqrt{10^{-9{,}24} \text{ mol} \cdot L^{-1} \cdot 0{,}1 \text{ mol} \cdot L^{-1}} = 10^{-5{,}12} \text{ mol} \cdot L^{-1}.$$

Damit beträgt der pH-Wert der Lösung 5,12.

Zusammenfassung

Salzlösungen reagieren nicht immer neutral, weil manche Kationen, aber auch Anionen mit Wassermolekülen in merklichem Umfang reagieren.
Zur Berechnung der pH-Werte reichen meist die in Kapitel 4.2 besprochenen Rechenverfahren aus.

4.4 Pufferlösungen

Pufferlösungen halten den pH-Wert bei verschiedenen äußeren Einwirkungen weitgehend konstant. Solche Einwirkungen sind Verunreinigungen durch aufgenommene Gase wie Kohlenstoffdioxid, Einflüsse des Gefäßmaterials, Verdünnen durch Wasser und sogar Zugabe von sauren oder alkalischen Lösungen in geringer Menge. Von praktischer Bedeutung sind Lösungen, die pH-Werte in der Nähe von 7 stabilisieren. In diesem Bereich treten sehr leicht starke pH-Änderungen auf, weil die Lösung nur sehr wenige H_3O^+- und OH^--Ionen enthält. Außerdem haben viele biologisch wichtigen Systeme pH-Werte um 7 und sind gegen Änderungen des pH-Werts sehr empfindlich.
Das Prinzip jeder Pufferung beruht darauf, dass sowohl für H_3O^+-Ionen als auch für OH^--Ionen Reaktionspartner bereitgestellt werden. Geeignet sind dazu Gemische aus schwachen Säuren und deren Salzen. Einer der wichtigsten Puffer ist der **Essigsäure/Acetat-Puffer**. Im Interesse einer höheren Kapazität des Puffers sollen die Stoffmengenkonzentrationen verhältnismäßig groß sein. Man gibt also z. B. 1 mol Ethansäure und 1 mol Natriumacetat in einen Messkolben und füllt bis zur 1-Liter-Marke mit destilliertem Wasser auf.
Die Wirkungsweise dieses Puffers ist einfach zu erklären. Da Essigsäure eine schwache Säure ist, enthält die Lösung sehr viele Essigsäuremoleküle. Sie können bei Zugabe einer alkalisch reagierenden Lösung Protonen abgeben, weil folgendes Gleichgewicht weit auf der rechten Seite liegt:

$$CH_3COOH + OH^- \rightleftharpoons CH_3COO^- + H_2O.$$

Bei Zugabe einer sauren Lösung werden Protonen von den Acetat-Ionen aufgenommen:

$$CH_3COO^- + H_3O^+ \rightleftharpoons CH_3COOH + H_2O.$$

Auch dieses Gleichgewicht liegt sehr weit rechts. Sowohl hinzukommende Oxonium- als auch Hydroxid-Ionen werden von der Pufferlösung also weitgehend gebunden.
Die Wirkungsweise lässt sich am Massenwirkungsgesetz erklären.

$$\frac{c(H_3O^+) \cdot c(CH_3COO^-)}{c(CH_3COOH)} = K_S.$$

Nach $c(H_3O^+)$ aufgelöst, ergibt sich:

$$c(H_3O^+) = \frac{c(CH_3COOH)}{c(CH_3COO^-)} \cdot K_S.$$

Wie gut dieses „Abpuffern“ funktioniert, zeigt ein Rechenbeispiel. Lagen die Stoffmengenkonzentration anfangs bei $c(CH_3COOH) = c(CH_3COO^-) = 1\ mol \cdot L^{-1}$, so hatte die Lösung einen pH-Wert von 4,76. Wird dann so viel Natriumhydroxid zu einem Liter dieser Pufferlösung gegeben, dass $c(CH_3COOH)$ nur noch $0{,}9\ mol \cdot L^{-1}$ beträgt, so liegt der pH-Wert danach bei 4,85.

Vor der Zugabe der Natronlauge:

$$c(H_3O^+) = \frac{1\,mol \cdot L^{-1}}{1\,mol \cdot L^{-1}} \cdot 10^{-4{,}76}\ mol \cdot L^{-1}$$

$$pH = 4{,}76\,.$$

Nach der Zugabe der Natronlauge:

$$c(H_3O^+) = \frac{0{,}9\ mol \cdot L^{-1}}{1{,}1\,mol \cdot L^{-1}} \cdot 10^{-4{,}76}\ mol \cdot L^{-1}$$

$$pH = 4{,}85\,.$$

Hätte man 0,1 mol Natriumhydroxid, also genauso viel, zu einem Liter reinen Wassers gegeben, wäre der pH-Wert auf 13 angestiegen!
Pufferlösungen für andere pH-Werte erhält man durch Wahl entsprechender Säuren und ihrer Salze. So lässt sich zum Beispiel ein Gemisch aus „Kohlensäure“ (H_2CO_3) und Natriumhydrogencarbonatlösung ($NaHCO_3$) mit gleichen Stoffmengenkonzentrationen ebenfalls als Puffer verwenden. Der pH-Wert liegt dann bei $pH = pK_S(H_2CO_3) = 6{,}46$.
Für die genaue Einstellung eines Puffers auf einen bestimmten pH-Wert muss das Konzentrationsverhältnis von Säure zu Salz etwas verändert werden.

Beispiel 1:

Zur Überprüfung der Anzeige eines pH-Messgeräts soll eine Pufferlösung mit pH = 7 hergestellt werden.

a) Wählen Sie geeignete Substanzen aus.
b) Beschreiben Sie die Herstellung von 0,1 L einer solchen Pufferlösung. Berechnen Sie die Massen der Stoffportionen, die Sie dazu verwenden könnten.

Lösung:

a) In diesem Fall wird man sich für den Puffer mit dem Säure-Base-Paar $H_2PO_4^-/HPO_4^{2-}$ entscheiden, da die Säure mit $pK_S = 7{,}2$ dem gewünschten Wert schon recht nahe liegt.*

* Der Puffer mit Hydrogensulfit-Ionen (HSO_3^-) ist wegen einer drohenden Entwicklung von Schwefeldioxid bei Säurezugabe keine gute Wahl.

b) Das erforderliche Stoffmengenverhältnis ergibt sich aus dem Massenwirkungsgesetz:

$$c(H_3O^+) = 10^{-7}\,\text{mol} \cdot L^{-1} = \frac{c(H_2PO_4^-)}{c(HPO_4^{2-})} \cdot 10^{-7,2}\,\text{mol} \cdot L^{-1},$$

$$\frac{c(H_2PO_4^-)}{c(HPO_4^{2-})} = 10^{0,2} = 1,58\,.$$

Da es nur auf das Verhältnis der beiden Stoffmengenkonzentrationen ankommt, kann eine der beiden frei gewählt werden, also zum Beispiel $c(HPO_4^{2-}) = 0,2\ \text{mol} \cdot L^{-1}$.
Als Verbindungen verwendet man am besten die Natriumsalze, in diesem Falle also Natriumdihydrogenphosphat (NaH_2PO_4) und Dinatriumhydrogenphosphat (Na_2HPO_4). Mit den Beziehungen $n = c \cdot V$ und $m = n \cdot M$ ergibt sich für die Herstellung eine Pufferlösung mit V = 0,1 L:

$$m(Na_2HPO_4) = c \cdot V \cdot M(Na_2HPO_4) =$$
$$= 0,2\,\text{mol} \cdot L^{-1} \cdot 0,1\,L \cdot 142\,g \cdot \text{mol}^{-1} = 2,84\,g\,,$$
$$m(NaH_2PO_4) = 10^{0,2} \cdot c \cdot V \cdot M(NaH_2PO_4) =$$
$$= 10^{0,2} \cdot 0,2\,\text{mol} \cdot L^{-1} \cdot 0,1\,L \cdot 120\,g \cdot \text{mol}^{-1} = 3,8\,g\,.$$

Zur Herstellung dieser Pufferlösung könnte man 2,84 g Dinatriumhydrogenphosphat und 3,8 g Natriumdihydrogenphosphat in einen 100 mL-Messkolben geben, in etwas Wasser auflösen und danach mit Wasser bis zur Eichmarke auffüllen.

Beispiel 2:

In einem Liter Wasser sind bei 25 °C maximal 0,03 mol Kohlenstoffdioxid gelöst.

a) Berechnen Sie die Masse der Natriumhydrogencarbonatportion, die ebenfalls gelöst sein muss, damit ein Puffer mit pH = 6,46 entsteht!
b) Welchen Nachteil hat diese Pufferlösung in der Praxis?

Lösung:

a) Da der pK_S-Wert der Kohlensäure 6,46 beträgt, muss die Stoffmengenkonzentration des Natriumhydrogencarbonats ebenfalls $0,03\ \text{mol} \cdot L^{-1}$ betragen.

Also gilt:

$$m(NaHCO_3) = c \cdot V \cdot M(NaHCO_3) = 0{,}03\ \mathrm{mol} \cdot \mathrm{L}^{-1} \cdot 1\ \mathrm{L} \cdot 84\ \mathrm{g} \cdot \mathrm{mol}^{-1}$$
$$= 2{,}52\ \mathrm{g}\,.$$

Man benötigt 2,52 g Natriumhydrogencarbonat.

b) Der Nachteil besteht darin, dass dieser Puffer nur eine geringe Kapazität besitzt, weil die Stoffmengenkonzentrationen zu klein sind.

Zusammenfassung:

- **Pufferlösungen** haben die Eigenschaft, den pH-Wert weitgehend konstant zu halten.
- Die wichtigsten Puffer enthalten ein Gemisch aus einer schwachen Säure und ihrer korrespondierenden Base, Beispiele sind:
  Essigsäure/Acetat: CH_3COOH/CH_3COO^-, pH = 4,76;
  Dihydrogen-/Hydrogenphosphat: $H_2PO_4^-/HPO_4^{2-}$, pH = 7,2.
- Die günstigste Pufferwirkung wird erreicht, wenn der pH-Wert des Puffers gleich dem pK_S-Wert der in der Puffersubstanz enthaltenen Säure ist.

4.5 Säure-Base-Titrationen

Die **Titration** ist eines der wichtigsten Verfahren der **quantitativen Analyse**. Bei der einfachsten Variante der Methode misst man das Volumen der Analysensubstanz, versetzt sie mit einem Indikator und lässt eine **Maßlösung** mit bekannter Stoffmengenkonzentration aus einer Bürette zufließen. Wenn der Indikator eine Farbänderung zeigt, wird der Verbrauch der Maßlösung an der Bürette abgelesen und zuletzt die Stoffmengenkonzentration der Analysensubstanz aus den gemessenen Werten berechnet. Statt Indikatoren können auch physikalische Messinstrumente eingesetzt werden, die z. B. den pH-Wert oder die elektrische Leitfähigkeit anzeigen.

Zur Auswertung wird eine einfache Reaktionsgleichung formuliert, ohne Berücksichtigung der tatsächlich in der Lösung vorliegenden Teilchen. Für die Neutralisation von Natronlauge mit Schwefelsäure als Maßlösung lautet sie:

$$2\,NaOH(aq) + H_2SO_4(aq) \longrightarrow Na_2SO_4(aq) + 2\,H_2O\,.$$

Da die Stoffmenge der in der Lösung enthaltenen Natriumhydroxidportion doppelt so groß ist wie die Stoffmenge der Schwefelsäureportion, gilt:

$$n(\mathrm{NaOH}) = 2 \cdot n(\mathrm{H_2SO_4}).$$

Mit $n = c \cdot V$ folgt daraus die Grundgleichung der Titration*

$$c_0(\mathrm{NaOH}) \cdot V(\text{NaOH-Lsg.}) = 2 \cdot c_0(\mathrm{H_2SO_4}) \cdot V(\mathrm{H_2SO_4}\text{-Lsg.}).$$

Die einzige unbekannte Größe ist $c_0(\mathrm{NaOH})$:

$$c_0(\mathrm{NaOH}) = 2 \cdot \frac{c_0(\mathrm{H_2SO_4}) \cdot V(\mathrm{H_2SO_4}\text{-Lsg.})}{V(\text{NaOH-Lsg})}.$$

Bei der Wahl des geeigneten Indikators zur Anzeige des Endpunktes der Titration ergeben sich gewisse Probleme. Das liegt daran, dass diese Titrationen zwar alle nach demselben Prinzip verlaufen, die zu analysierenden Lösungen und die Maßlösungen aber verschiedene pH-Werte besitzen können.
Trägt man die pH-Werte gegen das Volumen der verbrauchten Maßlösung auf, erhält man die **Titrationskurven**. Die folgende Abbildung enthält zwei solche Titrationskurven. Einmal wurde verdünnte Salzsäure und in einem weiteren Versuch verdünnte Essigsäure mit Natronlauge der Stoffmengenkonzentration $c_0(\mathrm{NaOH}) = 0{,}1\ \mathrm{mol \cdot L^{-1}}$ titriert.

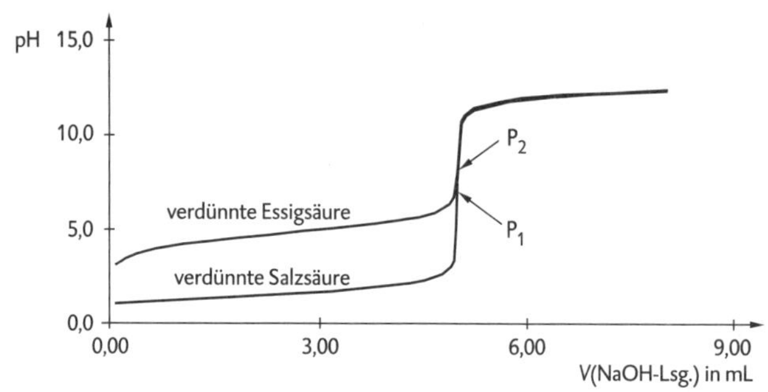

Abb. 3: Titrationskurve für die Titration von verdünnter Salzsäure bzw. verdünnter Essigsäure mit Natronlauge

Salzsäure und Essigsäure hatten die gleiche Stoffmengenkonzentration und auch das Volumen der Stoffportionen war zu Beginn der beiden Versuche gleich. Die

* Bei der Volumenangabe sollte V(NaOH-Lsg.) geschrieben werden, weil nicht das Volumen des Feststoffs Natriumhydroxid gemeint ist. Grundsätzlich wird bei Titrationen die Stoffmengenkonzentration c_0 bestimmt, also ohne Berücksichtigung von Säure-Base-Gleichgewichten, die sich in der Lösung einstellen.

Salzsäure hat einen niedrigen pH-Wert, weil Chlorwasserstoff eine starke Säure ist. Während der Titration ändert sich der pH-Wert zunächst nur wenig, dann immer stärker. Dies liegt daran, dass es sich bei der pH-Skala um eine logarithmische Skala handelt. Die größte Steigung besitzt die Kurve bei pH-Werten um 7. Dann sind sowohl $c(H_3O^+)$ als auch $c(OH^-)$ außerordentlich klein und ändern sich daher schon bei geringen Zugaben von sauren oder alkalischen Lösungen stark. Bei pH = 7 ist diese Neutralisation beendet. Dieser Punkt in der Grafik wird als **Äquivalenzpunkt** (P_1) der Titration bezeichnet.
Die Essigsäurelösung hat zu Beginn der Titration einen höheren pH-Wert als Salzsäure mit gleicher Stoffmengenkonzentration, weil sie eine schwache Säure ist. Bei Zugabe von Natronlauge steigt der pH-Wert deutlich an. Dann kommt man in den Pufferbereich, der bei $4 < pH < 5$ besonders gut ausgeprägt ist und dort endet, wo auch diese Kurve steil ansteigt. Da das bei der Titration entstehende Salz der Essigsäure in wässriger Lösung leicht alkalisch reagiert, liegt der Äquivalenzpunkt in diesem Fall bei einem pH-Wert über 7 (P_2). Weil beide Säuren die gleiche Stoffmengenkonzentration hatten und die Volumina gleich waren, war auch der Natronlaugeverbrauch genau gleich groß.
Jeder **Indikator** ändert seine Farbe bei einem anderen pH-Wert. Bei der Titration der Salzsäure mit Natronlauge wird man einen Indikator benutzen, der bei $pH \approx 7$ umschlägt, z. B. Bromthymolblau. Bei der Essigsäure-Titration liegt der Äquivalenzpunkt bei $pH \approx 8$, in diesem Fall ist Phenolphthalein besser geeignet. Keinen Indikator benötigt man, wenn die Titrationskurve mit einem pH-Messgerät aufgenommen wird.
Eine weitere Möglichkeit der Endpunktsbestimmung ist die Messung der elektrischen Leitfähigkeit bei der Titration.

Beispiel 1:

Zur Bestimmung der Stoffmengenkonzentration einer Methansäurelösung wurden 10 mL in einen Erlenmeyerkolben gegeben und mit Natronlauge ($c_0(NaOH) = 0{,}99\ mol \cdot L^{-1}$) titriert. Der Äquivalenzpunkt lag bei einem Verbrauch von V(NaOH-Lsg.) = 7,8 mL.
Formulieren Sie eine Reaktionsgleichung zu dieser Titration und berechnen Sie die Stoffmengenkonzentration der Methansäure!
Wie groß war die Masse der Methansäureportion in der untersuchten Lösung?

Lösung:

Reaktionsgleichung:

$$HCOOH(aq) + NaOH(aq) \longrightarrow HCOONa(aq) + H_2O.$$

Grundgleichung der Titration:

$$c_0(\mathrm{HCOOH}) \cdot V(\mathrm{HCOOH\text{-}Lsg.}) = c_0(\mathrm{NaOH}) \cdot V(\mathrm{NaOH\text{-}Lsg.}).$$

Aufgelöst nach der gesuchten Stoffmengenkonzentration:

$$c_0(\mathrm{HCOOH}) = \frac{c(\mathrm{NaOH}) \cdot V(\mathrm{NaOH\text{-}Lsg.})}{V(\mathrm{HCOOH\text{-}Lsg.})} = \frac{0{,}99\,\mathrm{mol \cdot L^{-1}} \cdot 7{,}8\,\mathrm{mL}}{10\,\mathrm{mL}} = 0{,}77\,\frac{\mathrm{mol}}{\mathrm{L}}.$$

Die Masse der Methansäureportion beträgt:

$$m(\mathrm{HCOOH}) = c_0(\mathrm{HCOOH}) \cdot V(\mathrm{HCOOH\text{-}Lsg.}) \cdot M(\mathrm{HCOOH}) =$$
$$= 0{,}77\,\mathrm{mol \cdot L^{-1}} \cdot 0{,}01\,\mathrm{L} \cdot 46\,\mathrm{g \cdot mol^{-1}} = 0{,}36\,\mathrm{g}.$$

Die Stoffmengenkonzentration der Methansäurelösung betrug $0{,}77\ \mathrm{mol \cdot L^{-1}}$, und 10 mL dieser Lösung enthielten 0,36 g Methansäure.

Beispiel 2:

Erläutern Sie, wie man mithilfe der Titrationskurve in Abbildung 3 den $\mathrm{p}K_\mathrm{S}$-Wert der Essigsäure bestimmen kann!

Lösung:

Der Äquivalenzpunkt liegt bei einem Natronlaugeverbrauch mit dem Volumen $V(\mathrm{NaOH\text{-}Lsg.}) = 4{,}7$ mL. Die Hälfte der vorhandenen Essigsäure war also bei einem Volumen von $V(\mathrm{NaOH\text{-}Lsg.}) = 2{,}35$ mL neutralisiert. Dann liegt eine Pufferlösung vor und es gilt $c(CH_3COOH) = c(CH_3COO^-)$ und damit $\mathrm{pH} = \mathrm{p}K_\mathrm{S}$. Dieser Wert wird abgelesen (4,8).

Zusammenfassung

- Bei der **Säure-Base-Titration** wird die Stoffmengenkonzentration einer Säure oder Base durch Reaktion mit einer **Maßlösung** bekannter Stoffmengenkonzentration bestimmt.
- Aus der **Grundgleichung der Titration** erhält man die gesuchte Stoffmengenkonzentration. Für die Reaktion

  $$H_2SO_4(aq) + 2\,NaOH(aq) \longrightarrow Na_2SO_4(aq) + 2\,H_2O$$

  lautet sie:

  $$2 \cdot c_0(H_2SO_4) \cdot V(H_2SO_4\text{-Lsg.}) = c_0(\mathrm{NaOH}) \cdot V(\mathrm{NaOH\text{-}Lsg.}).$$
- Trägt man den gemessenen pH-Wert gegen das Volumen der verbrauchten Maßlösung auf, erhält man die **Titrationskurve**. Dort wo ihre Steigung am größten ist, befindet sich der **Äquivalenzpunkt** der Titration.

4.6 Aufgaben*

11 Die pH-Werte der folgenden Lösungen sollen berechnet werden!
Überlegen Sie in jedem Fall, ob Sie eine der besprochenen Näherungen benutzen können, und begründen Sie Ihre Entscheidung!

a) Salzsäure mit $c_0 = 0{,}02\ \text{mol} \cdot \text{L}^{-1}$.

b) 2 g wasserfreie Salpetersäure werden mit destilliertem Wasser in einem Messkolben auf 100 mL verdünnt.

c) Gesättigte Bariumhydroxidlösung mit $c_0 = 0{,}2\ \text{mol} \cdot \text{L}^{-1}$.

d) Methansäurelösung mit $c_0 = 10^{-2{,}3}\ \text{mol} \cdot \text{L}^{-1}$.

e) Ein Glaskolben mit dem Volumen $V = 1\ \text{L}$ wird mit gasförmigem Ammoniak gefüllt, dessen molares Volumen V_m unter den gegebenen Bedingungen $25\ \text{L} \cdot \text{mol}^{-1}$ beträgt.
Welchen pH-Wert hat die Lösung, wenn der Kolben nach dem so genannten Springbrunnenversuch ganz mit Wasser gefüllt ist?

12 Bei einer Temperatur von $\vartheta = 100\ °\text{C}$ beträgt das Ionenprodukt des Wassers $K_W(100\ °\text{C}) = 10^{-12}\ \text{mol}^2 \cdot \text{L}^{-2}$.
Welchen pH-Wert besitzt siedendes Wasser?
Begründen Sie, ob es sauer, alkalisch oder neutral reagiert!

13 100 mL einer Lösung von Propansäure ($\text{p}K_S = 4{,}88$) mit pH = 3 sollen hergestellt werden.
Berechnen Sie die Masse der Propansäureportion, die dazu nötig ist!

14 Die Stoffmengenkonzentration einer gesättigten Lösung von Calciumhydroxid in Wasser wurde durch Titration mit verdünnter Salzsäure ($c_0(\text{HCl}) = 0{,}1\ \text{mol} \cdot \text{L}^{-1}$) bestimmt. Zur Neutralisation von 40 mL dieser Lösung wurden 6,4 mL Salzsäure benötigt.

a) Berechnen Sie die Stoffmengenkonzentration der Calciumhydroxidlösung!

b) Wie groß ist die Masse der Calciumhydroxidportion, die in einem Liter Wasser gelöst ist?

* Zur Berechnung von pH-Werten können Sie als Käufer dieses Buches ein Computerprogramm unter der Internet-Adresse http://www.stark-verlag.de/chemieprogramme/ kostenlos herunterladen. Änderungen vorbehalten.

15 Gegeben sind wässrige Lösungen der Salze Eisen(III)-chlorid, Kaliumnitrat und Trinatriumphosphat. Die Stoffmengenkonzentrationen betragen jeweils $c_0 = 0{,}1\ \text{mol} \cdot \text{L}^{-1}$.
Welchen pH-Wert haben diese Lösungen jeweils?

16 4,5 mL der Lösung einer unbekannten einprotonigen Säure wurden mit Natronlauge der Stoffmengenkonzentration $c_0 = 0{,}1\ \text{mol} \cdot \text{L}^{-1}$ titriert. Dabei hat sich folgende Titrationskurve ergeben:

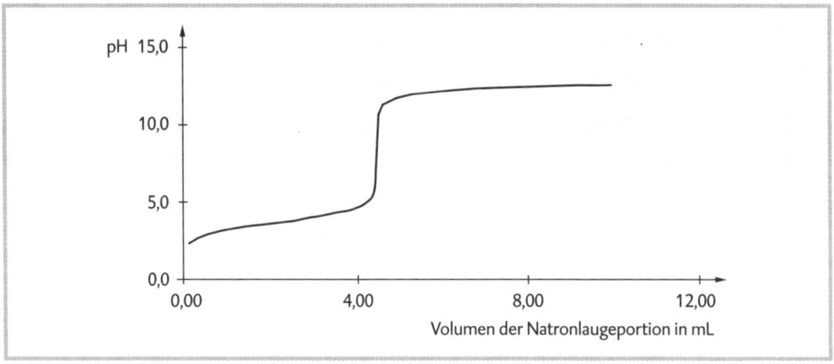

a) Berechnen Sie die Stoffmengenkonzentration der Säure!

b) Bestimmen Sie den $\text{p}K_S$-Wert dieser Säure aus dem Schaubild!
Um welche Säure könnte es sich gehandelt haben?

17 Eine Ammoniumcarbonatlösung, $(NH_4)_2CO_3(aq)$, riecht nach Ammoniak, weil sich das folgende Gleichgewicht einstellt:

$$NH_4^+ + CO_3^{2-} \rightleftharpoons NH_3 + HCO_3^-.$$

Berechnen Sie die Gleichgewichtskonstante K für dieses Gleichgewicht aus den beiden Säurekonstanten $K_S(NH_4^+)$ und $K_S(HCO_3^-)$!
Formulieren Sie das Ergebnis der Rechnung in einem allgemein gültigen Merksatz!

18 Zur Herstellung einer Pufferlösung wurden 20 g Natriumacetat und 20 g reine Ethansäure vermischt, in Wasser aufgelöst und diese Lösung zuletzt auf das Volumen $V = 1$ L verdünnt.
Welchen pH-Wert besitzt diese Pufferlösung?

5 Gleichgewichte in gesättigten wässrigen Lösungen

Eine **gesättigte Lösung** entsteht, wenn man einem Lösemittel, meistens ist das Wasser, so lange einen Stoff zugibt, bis sich nichts mehr auflöst. Bei Feststoffen erkennt man das an einem vorhandenen Bodensatz, bei Flüssigkeiten am Auftreten einer zweiten Phase und bei Gasen oft nur daran, dass Gasblasen längere Zeit an der Gefäßwand haften bleiben. Zahlenmäßig angegeben wird die Löslichkeit durch die maximale Stoffmengen-, Massen- oder Volumenkonzentration.
Bei Gasen hängt die Löslichkeit sehr stark vom Druck und von der Temperatur ab. Sie nimmt mit sinkender Temperatur und steigendem Druck zu.
Als Beispiel für diese Zusammenhänge kann Kohlenstoffdioxid dienen.

Druck	Temperatur	in einem Liter Wasser lösen sich
1 000 hPa	25 °C	0,8 Liter Kohlenstoffdioxid
1 000 hPa	0 °C	1,7 Liter Kohlenstoffdioxid
2 000 hPa	25 °C	2,0 Liter Kohlenstoffdioxid

Diese Unterschiede haben Folgen, die jedem bekannt sind: Aus einer bei sommerlichen Temperaturen geöffneten Sprudelflasche entweicht das überschüssige Kohlenstoffdioxid fast explosionsartig.
Bei Salzen ist die Situation anders. Eine allgemein gültige Regel wie bei den Gasen gibt es nicht. Natriumchlorid löst sich beispielsweise bei höherer Temperatur nicht wesentlich besser in Wasser, Natriumnitrat dagegen viel besser als bei niedriger Temperatur. Bei Lithiumsulfat stellt man sogar eine Abnahme der Löslichkeit mit zunehmender Temperatur fest. Die Druckabhängigkeit der Löslichkeit ist bei Salzen und anderen Feststoffen nicht erheblich und daher selten von Bedeutung.
Da Salze Ionenverbindungen sind, gibt es einen weiteren wichtigen Unterschied: An der Oberfläche des Bodensatzes stellen sich Gleichgewichte ein, für die das Massenwirkungsgesetz formuliert werden kann.
Betrachten wir zum Beispiel das in Wasser sehr schwer lösliche Salz Silberchlorid. Die Reaktionsgleichung für dieses Gleichgewicht lautet:

$$Ag^+(aq) + Cl^-(aq) \rightleftharpoons AgCl(s).$$

Es handelt sich hier um ein heterogenes Gleichgewicht, da das Silberchlorid als Bodensatz vorliegt, also eine eigene Phase bildet. Seine Stoffmengenkonzentration erscheint im Massenwirkungsgesetz nicht und wir können schreiben:

$$c(Ag^+) \cdot c(Cl^-) = K_L\,.$$

Dieser Ausdruck wird als „**Löslichkeitsprodukt**" bezeichnet. Allgemein formuliert, lautet es für ein Salz mit der Formel $(Me^{x+})_y(A^{y-})_x$:

$$c^y(Me^{x+}) \cdot c^x(A^{y-}) = K_L\,.$$

Für Blei(II)-chlorid ($PbCl_2$) ergibt sich beispielsweise:

$$c(Pb^{2+}) \cdot c^2(Cl^-) = K_L = 2 \cdot 10^{-5}\,\text{mol}^3 \cdot \text{L}^{-3} \qquad (\text{bei } 25\,°\text{C}).$$

Wenn K_L bekannt ist, kann die maximal mögliche Stoffmengenkonzentration des gelösten Salzes berechnet werden. Wie alle Gleichgewichtskonstanten hängt auch das Löslichkeitsprodukt von der Temperatur ab .

Beispiel 1:

Berechnen Sie die Stoffmengenkonzentration einer gesättigten Lösung von Kohlenstoffdioxid in Wasser bei 25 °C und p = 1 000 hPa!
Verwenden Sie dazu die Angaben auf S. 63! Unter den gegebenen Bedingungen beträgt das molare Volumen $V_m(CO_2) = 25\ \text{L} \cdot \text{mol}^{-1}$.

Lösung:

$$n(CO_2) = \frac{V(CO_2)}{V_m(CO_2)};$$

$$c(CO_2) = \frac{n(CO_2)}{V} = \frac{V(CO_2)}{V \cdot V_m(CO_2)} = \frac{0{,}8\,\text{L}}{1\,\text{L} \cdot 25\,\text{L} \cdot \text{mol}^{-1}} = 0{,}032\,\text{mol} \cdot \text{L}^{-1}\,.$$

Die Stoffmengenkonzentration einer gesättigten Lösung von Kohlenstoffdioxid in Wasser beträgt $0{,}032\ \text{mol} \cdot \text{L}^{-1}$ (bei 25 °C und 1 000 hPa).

Beispiel 2:

Gebrauchte Akkumulatoren („Autobatterien") besitzen an der Oberfläche der Elektroden eine Schicht aus Blei(II)-sulfat ($PbSO_4$, $K_L = 1{,}5 \cdot 10^{-8}\ \text{mol}^2 \cdot \text{L}^{-2}$). Sie dürfen keinesfalls auf eine Hausmülldeponie gebracht werden.
Berechnen Sie, ob das mit den Elektroden in Berührung gekommene Grundwasser bei einer Sulfathärte von $c(SO_4^{2-}) = 1{,}78 \cdot 10^{-3}\ \text{mol} \cdot \text{L}^{-1}$ mehr als 0,04 mg Blei(II)-Ionen in einem Liter enthalten könnte!

Lösung:

$$c(Pb^{2+}) = \frac{K_L}{c(SO_4^{2-})} = \frac{1{,}5 \cdot 10^{-8}\,mol^2 \cdot L^{-2}}{1{,}78 \cdot 10^{-3}\,mol \cdot L^{-1}} = 8{,}4 \cdot 10^{-6}\,mol \cdot L^{-1};$$

$$m(Pb^{2+}) = c(Pb^{2+}) \cdot V \cdot M(Pb^{2+}) = 8{,}4 \cdot 10^{-6}\,mol \cdot L^{-1} \cdot 1\,L \cdot 207{,}2\,g \cdot mol^{-1}$$
$$= 1{,}7\,mg.$$

Ein Liter dieses Grundwassers enthält 1,7 mg Pb^{2+}-Ionen, das ist viel mehr als 0,04 mg.
Hinweis: $\beta(Pb^{2+}) = 0{,}04\,mg \cdot L^{-1}$ ist der zulässige Grenzwert für Trinkwasser.

Aufgaben

19 Als „Säuerling" oder „Sprudel" darf ein Mineralwasser bezeichnet werden, wenn es in einem Liter mindestens 250 mg Kohlenstoffdioxid enthält.
Prüfen Sie nach, ob diese Lösung bei 25 °C und p = 1 000 hPa gesättigt ist!
Hinweis: Unter diesen Bedingungen ist $V_m(CO_2) = 25\,L \cdot mol^{-1}$. Angaben über die Löslichkeit von Kohlenstoffdioxid finden Sie in Kapitel 5.

20 Nach einer Literaturangabe enthalten 100 mL einer gesättigten wässrigen Lösung 60 mg Blei(II)-iodid, wenn die Temperatur 25 °C beträgt.
Berechnen Sie das Löslichkeitsprodukt von Blei(II)-iodid!

21 Die im Abwasser eines Betriebes enthaltenen Blei(II)-Ionen sollen durch Ausfällen mit Natriumsulfatlösung beseitigt werden. Dazu wird dem Abwasser so viel Natriumsulfat zugesetzt, dass die Stoffmengenkonzentration $c(SO_4^{2-})$ nach der Fällung $0{,}1\,mol \cdot L^{-1}$ beträgt.
Überprüfen Sie, ob es nach dieser Methode möglich ist, die maximal zulässige Stoffmengenkonzentration von $c(Pb^{2+}) = 2 \cdot 10^{-7} mol \cdot L^{-1}$ einzuhalten.
(Löslichkeitsprodukt bei 25 °C: $K_L(PbSO_4) = 1{,}5 \cdot 10^{-8}\,mol^2 \cdot L^{-2}$)

22 Wie groß ist die Masse der Silberchloridportion, die ein Liter einer gesättigten wässrigen Lösung bei 25 °C enthält?
(Angabe: $K_L(AgCl) = 1{,}6 \cdot 10^{-10}\,mol^2 \cdot L^{-2}$)

6 Elektrochemie

6.1 Einfache Berechnungen

Aus Eisen bestehende Gegenstände kann man sehr einfach mit einem schönen Überzug aus Kupfer versehen, wenn man sie in eine Kupfersulfatlösung taucht. Die Reaktionsgleichung für diesen Vorgang lautet:

$$\overset{2\,e^-}{\overbrace{Fe(s) + Cu^{2+}}}(aq) \longrightarrow Fe^{2+}(aq) + Cu(s)$$

Jedes Eisenatom hat zwei Elektronen an ein Kupfer-Ion abgegeben. Eine Elektronenübertragungsreaktion wird als **Redoxreaktion** bezeichnet. Solche Reaktionen laufen ab, wenn ein unedleres Metall in eine Lösung gegeben wird, die Ionen des edleren Metalls enthält.

Für die Stärke dieser elektronenabgebenden Wirkung eines Metalls gibt es ein quantitatives Maß. Dazu betrachten wir folgenden Vorgang:
Taucht man ein Stück Metall in eine wässrige Lösung, die Ionen dieses Metalls enthält, so stellt sich ein dynamisches Gleichgewicht ein. An der Oberfläche dieser Elektrode bilden Metallatome unter Elektronenabgabe Kationen, die in Lösung gehen, und aus der Lösung treten ständig Kationen in das Metallgitter ein:

$$Me(s) \rightleftharpoons Me^{z+}(aq) + z\,e^-.$$

Da beide Vorgänge anfangs nicht mit gleicher Geschwindigkeit ablaufen, ändert sich das **elektrische Potenzial** (Symbol *E*) der Elektrode und erreicht schließlich einen konstanten Wert, der vom verwendeten Metall, der Temperatur und der Stoffmengenkonzentration der Ionen in der Lösung abhängt. Potenzialdifferenzen zwischen verschiedenen Elektroden sind elektrische Spannungen (Symbol *U*), die gemessen werden können.

$$U = E_1 - E_2, \qquad \text{Einheiten: } [U] = [E] = 1\ \text{Volt}.$$

Eine Versuchsanordnung mit zwei Elektroden unterschiedlichen Potenzials und entsprechenden Salzlösungen bezeichnet man als **galvanisches Element** oder als **galvanische Zelle**. Die bekannteste galvanische Zelle ist das **DANIELL-Element** bzw. die Kupfer-Zink-Zelle (siehe Abbildung 4).

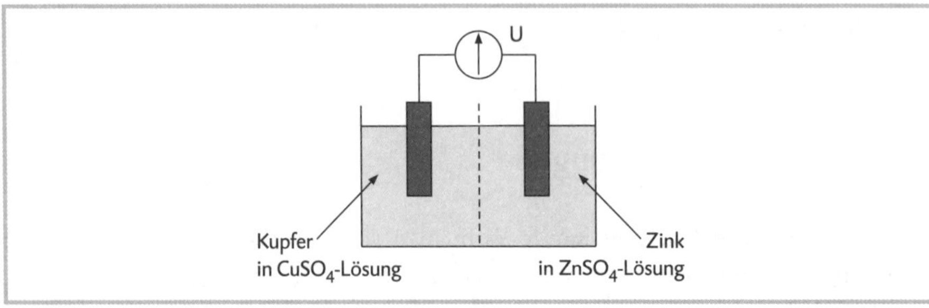

Abb. 4: DANIELL-Element, ein Diaphragma verhindert die Vermischung der beiden Lösungen

Minuspol wird immer die Elektrode mit dem kleineren Potenzial, das ist die mit dem unedleren Metall. Zink ist also Minuspol und Kupfer Pluspol. Verbindet man die beiden Pole elektrisch leitend miteinander, so fließen Elektronen vom Minus- zum Pluspol. Am Minuspol gehen Zink-Ionen in Lösung

$$Zn(s) \longrightarrow Zn^{2+}(aq) + 2\,e^-$$

und am Pluspol werden Kupfer-Ionen abgeschieden:

$$Cu^{2+}(aq) + 2\,e^- \longrightarrow Cu(s).$$

Insgesamt gesehen, läuft also folgender Elektronenübergang ab:

$$\overset{2\,e^-}{\overbrace{Zn(s) + Cu^{2+}}}(aq) \longrightarrow Zn^{2+}(aq) + Cu(s).$$

Auch in diesem Fall haben die Atome des unedleren Metalls Elektronen an die Ionen des edleren Metalls abgegeben. Die gemessene Potenzialdifferenz ist ein quantitatives Maß für dieses Bestreben, Elektronen von Zinkatomen zu Kupfer-Ionen zu verschieben.

Da nur Potenzialdifferenzen gemessen werden können, setzt man ein Potenzial willkürlich gleich null. Es ist das Potenzial der **Standardwasserstoffelektrode** (Normalwasserstoffelektrode, siehe Abbildung 5). Sie besteht aus einem Platinblech, das zur Oberflächenvergrößerung mit fein verteiltem Platin beschichtet ist. Als Elektrolyt dient die Lösung einer Säure mit $c(H_3O^+) = 1\ mol \cdot L^{-1}$. Die Elektrode wird dauernd mit gasförmigem Wasserstoff bespült. An ihrer Oberfläche stellt sich das Gleichgewicht

$$H_2(g) + 2\,H_2O \rightleftharpoons 2\,H_3O^+ + 2\,e^-$$

ein. Manchmal und sicher nicht falsch wird es auch vereinfacht formuliert:

$$H_2(g) \rightleftharpoons 2\,H^+(aq) + 2\,e^-.$$

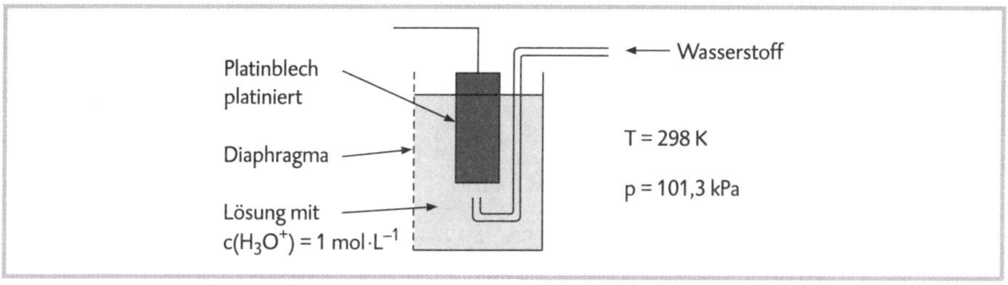

Abb. 5: Standardwasserstoffelektrode

Die gegen die Standardwasserstoffelektrode gemessenen Potenziale werden **Standard-** oder **Normalpotenziale** (Symbol E^0) genannt. Zur Bestimmung taucht man ein Metall in die Lösung seines Salzes mit der Stoffmengenkonzentration $c(Me^{z+}) = 1\ mol \cdot L^{-1}$, verbindet es über ein Diaphragma mit der Standardwasserstoffelektrode zu einem galvanischen Element und misst die Spannung U:

$$U = E^0(Me/Me^{z+}) - E^0(H_2/H^+)$$

Durch die Festlegung $E^0(H_2/H^+) = 0$ wird

$$U = E^0(Me/Me^{z+})$$

Die wichtigsten Standardpotenziale sind in Tabelle 3 am Schluss des Buches aufgeführt. Diese Tabelle wird auch als **Spannungsreihe** oder **Redoxreihe** bezeichnet. Für Zink finden wir dort den Wert –0,76 Volt, für Kupfer +0,34 Volt und daraus erhalten wir für das Kupfer-Zink-Element die Spannung:

$$U = E^0(Cu/Cu^{2+}) - E^0(Zn/Zn^{2+}) = 0{,}34\ V - (-0{,}76\ V) = 1{,}10\ V$$

Um ein negatives Vorzeichen der Spannung zu vermeiden, wird grundsätzlich das kleinere Potenzial vom größeren Potenzial abgezogen.

Als **FARADAY'sches Gesetz** bezeichnet man den Zusammenhang zwischen der aufgenommenen oder abgegebenen Ladung und den Stoffmengen der dabei umgesetzten Stoffportionen. Es kann ganz einfach hergeleitet werden, da die elektrische Elementarladung e bekannt ist ($e = 1{,}602 \cdot 10^{-19}\ A \cdot s$)* und ebenfalls bekannt ist, dass eine Stoffportion $6{,}02 \cdot 10^{23}$ Teilchen enthält, wenn ihre Stoffmenge $n = 1$ mol beträgt. Soll beispielsweise die bei der Bildung von 1 mol Zink-Ionen nach der Gleichung $Zn \rightarrow Zn^{2+} + 2\ e^-$ abgegebene elektrische Ladung berechnet werden, muss die Stoffmenge der Zinkportion mit der Elementarladung, der AVOGADRO-Konstante N_A und dem Faktor 2 multipliziert werden. Dieser Faktor 2 ist erforderlich, weil jedes Zinkatom zwei Elektronen abgibt.

* Der zurzeit genaueste Wert ist $e = 1{,}60217733 \cdot 10^{-19}\ A \cdot s$. Das allgemeine Symbol für die elektrische Ladung ist Q, ihre Einheit ist $[Q] = 1$ Ampere · Sekunde.

Wir erhalten

$$Q = 2 \cdot 1\ \text{mol} \cdot 1{,}602 \cdot 10^{-19}\ \text{A} \cdot \text{s} \cdot 6{,}02 \cdot 10^{23}\ \text{mol}^{-1} \approx 192\,900\ \text{A} \cdot \text{s}.$$

Das Produkt aus der Elementarladung *e* und der AVOGADRO-Konstante N_A heißt **FARADAY-Konstante**. Für sie wird das Symbol *F* verwendet:

$$F = e \cdot N_A = 96\,485\ \text{A} \cdot \text{s} \cdot \text{mol}^{-1} \approx 96\,500\ \text{A} \cdot \text{s} \cdot \text{mol}^{-1}.$$

Allgemein formuliert, lautet das FARADAY'sche Gesetz:

$$Q = n \cdot F \cdot z.$$

Dabei ist *n* die Stoffmenge der an der Elektrode umgesetzten Stoffportion und *z* die Anzahl der laut Reaktionsgleichung aufgenommenen oder abgegebenen Elektronen. Das FARADAY'sche Gesetz spielt auch bei Elektrolysevorgängen eine wichtige Rolle.

Von besonderer Bedeutung ist heute die Energiebilanz elektrochemischer Prozesse. Galvanische Elemente zählen in der Praxis zu den wichtigsten Energiequellen, da sie elektrische Arbeit (W_{el}) verrichten können. Die Palette der Anwendungsmöglichkeiten reicht von der Brennstoffzelle im Versuchsfahrzeug der Automobilindustrie bis zur Energiequelle für einen Herzschrittmacher. Für den Zusammenhang zwischen Spannung (*U*), Stromstärke (*I*), Zeit (*t*) und elektrischer Arbeit (W_{el}) gilt folgende Beziehung:

$$W_{el} = -U \cdot I \cdot t = -U \cdot Q,^{*} \qquad [W_{el}] = 1\ \text{Volt} \cdot 1\ \text{Ampere} \cdot 1\ \text{Sekunde} = 1\ \text{Joule}.$$

Da wir die Spannung *U* aus den Normalpotenzialen und die elektrische Ladung *Q* mithilfe des FARADAY'schen Gesetzes berechnen können, erhalten wir auch die elektrische Arbeit für sehr viele galvanischen Elemente aus wenigen Daten.

Beispiel 1:

„Taschenlampenbatterien" besitzen als Minuspol einen Zinkbecher. Wie groß ist die Masse der verbrauchten Zinkportion, wenn dieses galvanische Element die Kapazität von 0,4 Amperestunden besitzt und bis zur Erschöpfung betrieben worden ist?

Lösung:

Wir lösen das FARADAY'sche Gesetz nach der Stoffmenge der Zinkportion auf und berücksichtigen, dass 1 Amperestunde gleich 3 600 Amperesekunden ist:

* Die abgegebene Arbeit erhält ein negatives Vorzeichen (s. Kapitel 7).

$$n(Zn) = \frac{Q}{z \cdot F} = \frac{0{,}4 \cdot 3600\ A \cdot s}{2 \cdot 96500\ A \cdot s \cdot mol^{-1}} = 7{,}5 \cdot 10^{-3}\ mol\,.$$

Mit der molaren Masse $M(Zn) = 65{,}4\ g \cdot mol^{-1}$ ergibt sich dann:

$$m(Zn) = n(Zn) \cdot M(Zn) = 0{,}49\ g\,.$$

Beim Entladen dieser galvanischen Zelle werden 0,49 g Zink verbraucht.

Beispiel 2:

Brennstoffzellen sind galvanische Elemente, in denen Stoffe für den stromliefernden Vorgang verwendet werden, die auch als Brennstoffe bekannt sind. Ein Beispiel dafür ist die „Knallgaszelle". In ihr laufen folgende Vorgänge ab:

am Minuspol: $2\ H_2(g) + 4\ H_2O \longrightarrow 4\ H_3O^+ + 4\ e^-$,

am Pluspol: $O_2(g) + 2\ H_2O + 4\ e^- \longrightarrow 4\ OH^-$.

Oxonium-Ionen und Hydroxid-Ionen reagieren zuletzt miteinander unter Bildung von Wasser. Insgesamt gesehen läuft also folgende Reaktion ab:

$$2\ H_2 + O_2 \longrightarrow 2\ H_2O\,.$$

Wie groß ist die elektrische Arbeit, wenn in der Knallgaszelle 1 mol Wasser gebildet wird und die Spannung der Zelle $U = 1{,}2$ Volt beträgt?

Lösung:

In diesem Fall ist $z = 2$ und mithilfe des FARADAY'schen Gesetzes ergibt sich:

$$W_{el} = -U \cdot Q = -U \cdot n(H_2O) \cdot F \cdot z = -1{,}2\ V \cdot 1\ mol \cdot 96\,500\ \frac{A \cdot s}{mol} \cdot 2 = -232\ kJ\,.$$

Bei der Synthese von 1 mol Wasser in der Knallgaszelle könnte die elektrische Arbeit $W_{el} = -232$ kJ genutzt werden.

Zusammenfassung:

- Die Spannung eines galvanischen Elements erhält man aus den Elektrodenpotenzialen durch Differenzbildung:

  $$U = E_1 - E_2\,.$$

- Das FARADAY'sche Gesetz

  $$Q = n \cdot F \cdot z$$

  beschreibt den Zusammenhang zwischen elektrischer Ladung und Stoffmenge bei Vorgängen in galvanischen Elementen und bei der Elektrolyse.

6.2 Die Abhängigkeit des Elektrodenpotenzials von der Stoffmengenkonzentration

Neben den bereits erwähnten Elektroden gibt es viele andere Beispiele. An einem Silberblech in einer Silbersalzlösung stellt sich das Gleichgewicht

$$Ag(s) \rightleftharpoons Ag^{+}(aq) + e^{-}$$

ein und an einer Bleielektrode

$$Pb(s) \rightleftharpoons Pb^{2+}(aq) + 2\,e^{-}.$$

Eine besondere Rolle spielen einige Edelmetallelektroden. Taucht man zum Beispiel eine Platinelektrode oder eine Goldelektrode in eine Lösung, die sowohl Fe^{2+}- als auch Fe^{3+}-Ionen enthält, so stellen sich nicht die Gleichgewichte

$$Pt(s) \rightleftharpoons Pt^{4+}(aq) + 4\,e^{-} \quad \text{oder}$$

$$Au(s) \rightleftharpoons Au^{3+}(aq) + 3\,e^{-}$$

ein, sondern es stellt sich in beiden Fällen das folgende Gleichgewicht ein:

$$Fe^{2+}(aq) \rightleftharpoons Fe^{3+}(aq) + e^{-}.$$

Diese Eigenschaft ermöglicht es uns, auch Potenziale von Elektronenübertragungsreaktionen zu bestimmen, an denen überhaupt kein Metall beteiligt ist. Da solche Reaktionen als Redoxreaktionen bezeichnet werden, spricht man ganz allgemein von **Redoxpotenzialen**. Welches Gleichgewicht sich an einer Elektrode einstellt, muss von Fall zu Fall festgestellt werden. Diesen Vorgang nennt man dann den **potenzialbestimmenden Vorgang**. Die schon erwähnten Edelmetallelektroden eignen sich besonders für die Untersuchung von Gleichgewichten, in denen sie selbst nicht als Reaktionspartner auftreten. Daher nennt man sie auch **Inertelektroden** (inert = träge). Das bekannteste Beispiel für eine solche Elektrode haben wir bereits kennengelernt, die Standardwasserstoffelektrode.

Die für chemische Gleichgewichte geltenden Gesetzmäßigkeiten haben wir schon im Kapitel 3 besprochen. Was dort gesagt wurde, gilt auch für die Elektrochemie. Gleichgewichte hängen von der Temperatur, in vielen Fällen vom Druck und vor allem von den Stoffmengenkonzentrationen der Reaktionspartner ab. Zur Demonstration der Konzentrationsabhängigkeit eignet sich folgende galvanische Zelle aus Abbildung 6:

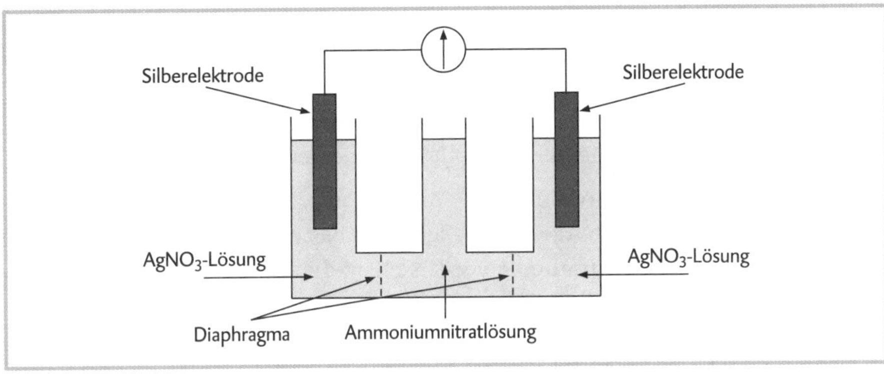

Abb. 6: Experiment zur Bestimmung der Konzentrationsabhängigkeit eines Elektrodenpotenzials

Ist die Stoffmengenkonzentration $c(Ag^+)$ beider Silbersalzlösungen gleich groß, so sind die beiden Potenziale ebenfalls gleich groß und die gemessene Spannung ist null. Wird eine der beiden Lösungen verdünnt, z. B. durch Zugabe von destilliertem Wasser, so verschiebt sich in dieser Halbzelle das Gleichgewicht. Es gehen etwas mehr Silber-Ionen in Lösung, das Potenzial der Elektrode wird kleiner („stärker negativ"), sie wird zum Minuspol dieser **Konzentrationszelle**. Der mathematische Zusammenhang zwischen der Stoffmengenkonzentration und dem Elektrodenpotenzial wird als **NERNST'sche Gleichung** bezeichnet. Sie lautet für eine Silberelektrode mit dem Gleichgewicht $Ag(s) \rightleftharpoons Ag^+(aq) + e^-$, wenn die Temperatur $\vartheta = 25\ °C$ beträgt:

$$E = E^0 + 0{,}059\ \text{Volt} \cdot \lg\{c(Ag^+)\}\,.$$

Auch für zwei andere Elektroden soll die NERNST'sche Gleichung formuliert werden:
Für die Kupferelektrode ($Cu(s) \rightleftharpoons Cu^{2+}(aq) + 2\ e^-$) gilt:

$$E(Cu/Cu^{2+}) = E^0\,(Cu/Cu^{2+}) + \frac{0{,}059\ V}{2} \cdot \lg\{c(Cu^{2+})\} \qquad (\text{bei } \vartheta = 25°\ C),$$

und für das Gleichgewicht $Fe^{2+}(aq) \rightleftharpoons Fe^{3+}(aq) + e^-$ ergibt sich

$$E(Fe^{2+}/Fe^{3+}) = E^0\,(Fe^{2+}/Fe^{3+}) + \frac{0{,}059\ \text{Volt}}{1} \cdot \lg\left\{\frac{c(Fe^{3+})}{c(Fe^{2+})}\right\} \qquad (\text{bei } \vartheta = 25°\ C).$$

Allgemein lautet die NERNST'sche Gleichung für eine Elektrode, an der sich das Gleichgewicht

$$a\,A(aq) \rightleftharpoons b\,B(aq) + z\,e^-$$

einstellt, wobei mit A und B beliebige, am Elektronenaustausch beteiligte Teilchen bezeichnet sind:

$$E = E^0 + \frac{0{,}059\ \text{Volt}}{z} \cdot \lg \left\{ \frac{c^b(B)}{c^a(A)} \right\}.^*$$

Die Formulierung der NERNST'schen Gleichung bereitet bei komplizierten Gleichgewichten manchmal Probleme. Man sollte sich merken, dass

- die Stoffmengenkonzentrationen der oxidierend wirkenden Teilchen im Zähler, die der reduzierend wirkenden Teilchen im Nenner stehen.
- die Stoffmengenkonzentrationen von Teilchen, die nicht in der Lösung vorliegen, also eine eigene Phase bilden, in dieser Gleichung nicht erscheinen. Welche das sind, erkennt man in der Tabelle der Normalpotenziale durch den Zusatz (s) oder (g) oder (l) hinter den entsprechenden Formeln.

Betragen alle Stoffmengenkonzentrationen $c = 1$ mol/L, so gilt $E = E^0$, weil $\lg 1 = 0$ ist. Das Elektrodenpotenzial ist dann gleich dem **Standardelektrodenpotenzial.**

Betrachten wir die Situation nochmals am Beispiel der als Standard verwendeten Wasserstoffelektrode. An dieser Elektrode stellt sich folgendes Gleichgewicht ein:

$$H_2(g) \rightleftharpoons 2\,H^+(aq) + 2\,e^-.$$

Dafür lautet dann die NERNST'sche Gleichung:

$$E(H_2/H^+) = 0\ \text{Volt} + \frac{0{,}059\ \text{V}}{2} \cdot \lg\{c^2(H_3O^+)\}.$$

Daraus folgt, weil $\lg c^2 = 2 \cdot \lg c$:

$$E(H_2/H^+) = -0{,}059\ \text{V} \cdot \text{pH}.$$

In diesem Ausdruck kommt weder die Stoffmengenkonzentration des Wasserstoffs vor, der als Gas die Elektrodenoberfläche bedeckt, noch die Stoffmengenkonzentration des Lösemittels Wasser. Wie man sieht, ist das Potenzial der Wasserstoffelektrode vom pH-Wert der Lösung abhängig. Für pH = 0 ist $E = 0$ V.

Beispiel 1:

Berechnen Sie die Spannung eines galvanischen Elements mit den Metallen Kupfer und Silber für die folgenden Fälle:

a) Die beiden Salzlösungen besitzen die Stoffmengenkonzentrationen $c = 1\ \text{mol} \cdot \text{L}^{-1}$.

* Der Faktor f = 0,059 Volt gilt für Standardbedingungen, also die Temperatur $\vartheta = 25\,°\text{C}$ und den Druck $p = 101{,}3$ kPa. Für die beliebige Temperatur T hat dieser Faktor den Wert $f = T \cdot 1{,}984 \cdot 10^{-4}\ \text{V} \cdot \text{K}^{-1}$.

b) Die Stoffmengenkonzentrationen betragen $c(Cu^{2+}) = 0{,}3\ \text{mol} \cdot L^{-1}$ und $c(Ag^{+}) = 0{,}1\ \text{mol} \cdot L^{-1}$.

Lösung:

a) Die Spannung ist in diesem Fall gleich der Differenz der Standardpotenziale und beträgt:

$$U = E^0(Ag/Ag^+) - E^0(Cu/Cu^{2+}) = 0{,}80\ V - 0{,}34\ V = 0{,}46\ \text{Volt}.$$

b) Beide Elektrodenpotenziale müssen mithilfe der NERNST'schen Gleichung berechnet werden. Die Reaktionsgleichungen lauten:

$$Cu(s) \rightleftharpoons Cu^{2+}(aq) + 2e^-;$$

$$Ag(s) \rightleftharpoons Ag^{+}(aq) + e^-;$$

$$U = E(Ag/Ag^+) - E(Cu/Cu^{2+})$$

$$= 0{,}80\ V + \frac{0{,}059\ V}{1} \cdot \lg\{c(Ag^+)\} - 0{,}34\ V - \frac{0{,}059\ V}{2} \cdot \lg\{c(Cu^{2+})\} = 0{,}42\ V.$$

Die Spannung dieses galvanischen Elements beträgt $U = 0{,}42$ Volt.

Beispiel 2:

Galvanische Elemente sind heute als Spannungsquellen weit verbreitet. Sie zeigen im Gebrauch praktisch alle die gleiche Eigenschaft: Lange Zeit liefern sie fast die gleiche Spannung wie im vollständig geladenen Zustand. Kurz bevor sie entladen sind, bricht die Spannung ganz schnell zusammen. Begründen Sie diese Eigenschaft galvanischer Elemente mithilfe der NERNST'schen Gleichung am Beispiel der Kupferelektrode des DANIELL-Elements!

Lösung:

Der Grund für die genannte Eigenschaft ist, dass in der NERNST'schen Gleichung der Logarithmus des Zahlenwerts der Stoffmengenkonzentration vorkommt. Zur Überprüfung der Aussage gehen wir so vor:
Die Elektrodenpotenziale werden mithilfe der NERNST'schen Gleichung berechnet und die entnommene Ladung mithilfe des FARADAY'schen Gesetzes. Das Volumen der Lösung soll V = 1 L betragen.

$$E = 0{,}34\ V + \frac{0{,}059\ V}{2} \lg\{c(Cu^{2+})\} \qquad Q = n(Cu^{2+}) \cdot 96500\ \frac{A \cdot s}{mol} \cdot 2\ .$$

Ladezustand	$c(Cu^{2+})$	$E(Cu/Cu^{2+})$	insgesamt entnommene Ladung Q
100 %	1 mol · L^{-1}	0,34 V	0 A · s
10 %	0,1 mol · L^{-1}	0,31 V	173 700 A · s
1 %	0,01 mol · L^{-1}	0,28 V	191 100 A · s
0,1 %	0,001 mol · L^{-1}	0,25 V	192 800 A · s

Beim Ladezustand von 100 % können ca. 174 000 A · s entnommen werden, bis das Potenzial um 0,03 Volt abgenommen hat. Beim Ladezustand von 1 % bewirkt die Entnahme von nur 1 700 A · s ebenfalls eine Potenzialänderung um 0,03 Volt.
Eine entsprechende Überlegung könnte für die Zink-Halbzelle angestellt werden. Dort steigt die Stoffmengenkonzentration an. Hier entsteht unter Umständen sogar eine gesättigte Lösung. Dann ändert sich E überhaupt nicht mehr. Die Spannung bricht erst zusammen, wenn die Kupfer-Ionen in der anderen Halbzelle weitgehend verbraucht sind, was bereits erläutert worden ist.

Zusammenfassung

- Standardelektrodenpotenziale lassen sich auch für Redoxsysteme angeben, die kein Metall enthalten, z. B.

$$Fe^{2+}(aq) \rightleftharpoons Fe^{3+}(aq) + e^-.$$

- Elektrodenpotenziale hängen von der Stoffmengenkonzentration der in der Lösung vorliegenden und am Gleichgewicht beteiligten Teilchen ab.
- Die NERNST'sche Gleichung beschreibt den Zusammenhang zwischen Elektrodenpotenzial E und Stoffmengenkonzentration. Für eine einfache Metallelektrode mit dem potenzialbestimmenden Vorgang

$$Me(s) \rightleftharpoons Me^{z+}(aq) + z\,e^-$$

lautet sie:

$$E = E^0 + \frac{0{,}059\ V}{z} \cdot \lg\{c(Me^{z+})\} \qquad (\text{bei } \vartheta = 25\,°C).$$

6.3 Vorhersage des Ablaufs von Redoxreaktionen

Wie im vorhergehenden Abschnitt erwähnt worden ist, lassen sich Elektrodenpotenziale für nahezu beliebige Elektronenübertragungsreaktionen angeben. Benötigt werden zu ihrer Messung nur entsprechende Elektroden, die dieses Gleichgewicht als potenzialbestimmenden Vorgang zulassen.

Hat man diese Werte einmal bestimmt, kann man eine Vorhersage wagen, ob eine Reaktion ablaufen wird oder nicht. Die einfacheren Fälle haben wir schon behandelt. So reagiert ein Zinkblech mit einer Silbernitratlösung, weil Zink das unedlere der beiden Metalle ist:

$$\underset{\text{RM 1}}{\underset{E^0\ -0{,}76\ \text{V}}{Zn(s)}} + 2Ag^+(aq) \longrightarrow Zn^{2+}(aq) + 2\,\underset{\text{RM 2}}{\underset{+0{,}80\ \text{V}}{Ag(s)}}\,.$$

In jeder dieser Reaktionsgleichungen kommen zwei Reduktionsmittel (RM 1 und RM 2) und die jeweils dazu gehörenden Oxidationsmittel vor. Stets sind zwei Redoxgleichgewichte aneinander gekoppelt. In diesem Fall:

$$Zn(s) \rightleftharpoons Zn^{2+}(aq) + 2\,e^-, \quad E^0 = -0{,}76\ \text{V};$$

$$Ag(s) \rightleftharpoons Ag^+(aq) + e^-, \quad E^0 = +0{,}80\ \text{V}.$$

An den Standardpotenzialen erkennt man, dass Zink das stärkere der beiden Reduktionsmittel ist.

Gibt man ein Silberblech in eine Zinksulfatlösung, so stellt man keine Veränderung fest:

$$Zn^{2+}(aq) + 2\,Ag(s) \not\longrightarrow 2\,Ag^+(aq) + Zn(s)\,.$$

Allgemein gilt: Die Reaktion läuft ab, wenn das stärkere Reduktionsmittel in der Reaktionsgleichung links vom Reaktionspfeil steht.

Tatsächlich stellen sich in allen Fällen Gleichgewichte ein. Die Reaktionen laufen so lange ab, bis die beiden Redoxpotenziale genau gleich groß sind:

$$E(Zn/Zn^{2+}) = E(Ag/Ag^{+});$$

$$-0{,}76\ V + \frac{0{,}059\ V}{2} \cdot \lg\{c(Zn^{2+})\} = 0{,}80\ V + \frac{0{,}059\ V}{1} \cdot \lg\{c(Ag^{+})\};$$

$$\lg\{c(Zn^{2+})\} - 2 \cdot \lg\{c(Ag^{+})\} = \frac{2 \cdot (0{,}80\ V + 0{,}76\ V)}{0{,}059\ V} = 52{,}88;$$

$$\frac{c(Zn^{2+})}{c^2(Ag^{+})} = 10^{52{,}9}\ mol^{-1}.$$

Die Reaktion von Zink mit Silber-Ionen wird also so lange ablaufen, bis die Stoffmengenkonzentrationen das angegebene Verhältnis erreichen. Das bedeutet in der Praxis, dass die Lösung so gut wie keine Silber-Ionen mehr enthält. Das nützt man auch in der Technik aus. Durch Zugabe von unedlen Metallen lassen sich edlere Metalle praktisch vollständig aus Lösungen ihrer Salze gewinnen.

Eines der wichtigsten Anwendungsbeispiele solcher Rechnungen ist die Begründung des Verhaltens der Metalle in saurer Lösung. Dabei kommt es in vielen Fällen zur Wasserstoffentwicklung, zum Beispiel beim Metall Magnesium:

$$Mg(s) + 2\,H_3O^+ \longrightarrow H_2(g) + Mg^{2+}(aq) + 2\,H_2O.$$

$$E^0 \quad -2{,}38\ V \qquad\qquad 0\ V$$

Magnesium ist sozusagen unedler als Wasserstoff und reagiert daher mit Oxonium-Ionen unter Wasserstoffentwicklung. Die Normalpotenziale gelten für den Fall, dass alle in wässriger Lösung vorliegenden Ionen in der Stoffmengenkonzentration 1 mol · L^{-1} vorliegen. Will man wissen, ob die angegebene Reaktion auch bei pH = 7 abläuft, muss man zunächst das Redoxpotenzial für das Gleichgewicht

$$H_2(g) + 2\,H_2O \rightleftharpoons 2\,H_3O^+ + 2\,e^-$$

für diesen pH-Wert berechnen:

$$E(H_2/H_3O^+) = 0\ V + 0{,}059\ V \cdot \lg(10^{-7}) = -0{,}41\ V.$$

Um die Stoffmengenkonzentration der Magnesium-Ionen brauchen wir uns in diesem Fall nicht mehr zu kümmern. Magnesium könnte sogar dann noch mit Wasser reagieren, wenn $c(Mg^{2+}) > 1$ mol · L^{-1} betragen würde.

Beispiel:

a) Ermitteln Sie, ob eine Goldelektrode in merklichem Umfang angegriffen wird, wenn sie in eine gesättigte Lösung von Chlor in Wasser taucht! Berechnen Sie dazu, wie groß die Stoffmengenkonzentration $c(Au^{3+})$ nach Einstellung des Gleichgewichts in einer Lösung sein könnte, in der Chlor vorhanden ist und gleichzeitig $c(Cl^-) = 0{,}1\ mol \cdot L^{-1}$ beträgt!

b) Was erwarten Sie, wenn anstatt der Lösung von Chlor in Wasser eine Lösung von Brom in Wasser mit Gold zusammengebracht wird?

Lösung:

a) Zunächst betrachten wir wieder die Reaktionsgleichung und die Standardpotenziale:

$$2\ Au(s) + 3\ Cl_2(g) \rightleftharpoons 2\ Au^{3+}(aq) + 6\ Cl^-(aq)\ .$$

$$E^0 \quad +1{,}42\ V \qquad\qquad 1{,}36\ V$$

Die nahe beieinander liegenden Standardpotenziale lassen erwarten, dass das sich einstellende Gleichgewicht nicht sehr weit auf der linken Seite liegt, sodass die Lösung bemerkenswert hohe Stoffmengenkonzentrationen an Gold-Ionen aufweisen könnte. Die Stoffmengenkonzentration $c(Au^{3+})$ zeigt uns wieder die NERNST'sche Gleichung. Im Gleichgewichtszustand müssen die beiden Redoxpotenziale gleich sein und es gilt:

$$1{,}42\ V + \frac{0{,}059\ V}{3} \cdot \lg\{c(Au^{3+})\} = 1{,}36\ V + \frac{0{,}059\ V}{2} \cdot \lg\left\{\frac{1}{c^2(Cl^-)}\right\}.$$

Mit $c(Cl^-) = 0{,}1\ mol \cdot L^{-1}$ ergibt sich daraus:

$$\frac{0{,}059\ V}{3} \cdot \lg\{c(Au^{3+})\} = -0{,}06\ V + \frac{0{,}059\ V}{2} \cdot \lg\left\{\frac{1}{0{,}1^2}\right\};$$

$$\lg\{c(Au^{3+})\} = -0{,}051;$$

$$c(Au^{3+}) \approx 0{,}9\ mol \cdot L^{-1}\ .$$

Von der Lage der Redoxpotenziale her gesehen, könnte die Stoffmengenkonzentration der Gold-Ionen fast $1\ mol \cdot L^{-1}$ betragen. Gold wird daher durch Chlorwasser stark angegriffen.

b) Bei der Reaktion mit Bromwasser sind die Verhältnisse wesentlich anders.

$$2\,Au(s) + 3\,Br_2(l) \longrightarrow 2\,Au^{3+}(aq) + 6\,Br^-(aq).$$

E^0 +1,42 V1,06 V

Dieses Gleichgewicht liegt weit auf der linken Seite. Gold wird also durch Bromwasser kaum angegriffen.

Zusammenfassung:

- Die Standardpotenziale erlauben eine Aussage über den möglichen Ablauf einer Redoxreaktion bei Standardbedingungen: Sie läuft ab, wenn auf der linken Seite der Reaktionsgleichung das stärkere Reduktionsmittel steht.
- Die NERNST'sche Gleichung ermöglicht die Berechnung von Gleichgewichtskonstanten für beliebige Redoxgleichgewichte.

6.4 Elektrolyse

In einer galvanischen Zelle wird eine Redoxreaktion zur Erzeugung elektrischer Spannung bzw. elektrischer Ströme ausgenützt. Eine **Elektrolysezelle** hat prinzipiell den gleichen Aufbau. In ihr wird aber genau umgekehrt eine Redoxreaktion durch das Anlegen einer elektrischen Spannung erzwungen. Man kann zum Beispiel ein DANIELL-Element mit den Polen einer regelbaren elektrischen Gleichspannungsquelle verbinden (siehe Abbildung 7). Schaltet man Pluspol gegen Pluspol und Minuspol gegen Minuspol und legt eine Spannung von genau $U = 1{,}10$ Volt an, so kompensieren sich die beiden Spannungen und Elektronen fließen weder in der einen noch in der anderen Richtung. Erhöht man die angelegte Spannung auf über 1,10 V, wird aus der galvanischen Zelle eine Elektrolysezelle. Am Minuspol werden jetzt Zink-Ionen entladen:

$$Zn^{2+}(aq) + 2\,e^- \longrightarrow Zn(s),$$

und am Pluspol entstehen Kupfer(II)-Ionen:

$$Cu(s) \longrightarrow Cu^{2+}(aq) + 2\,e^-.$$

Es laufen also genau die gleichen Vorgänge wie beim Entladen der galvanischen Zelle ab, nur in umgekehrter Richtung.

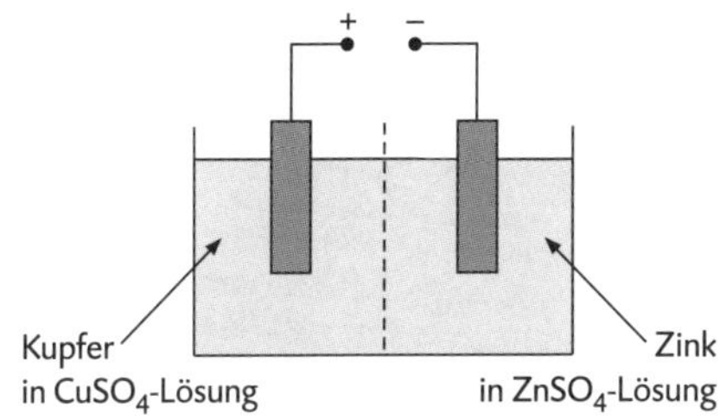

Abb. 7: „DANIELL-Element" als Elektrolysezelle

Da man die von außen angelegte Spannung fast beliebig steigern kann, sind in der Elektrolysezelle noch andere Reaktionen möglich als die einfache Umkehrung der Vorgänge in einer galvanischen Zelle. Die Verhältnisse sind also komplizierter. Das verhindert auch, dass man jede galvanische Zelle in der Praxis wieder aufladen kann! Solche speziellen Zellen nennt man Akkumulatoren. Bekannt sind der Blei-Akkumulator im Kraftfahrzeug und der Nickel-Cadmium-Akkumulator in „Kleinbatterien".
Zur genaueren Betrachtung wählen wir die Elektrolyse einer Zinkiodidlösung an Platinelektroden. Sie kann in einer Apparatur ohne Diaphragma durchgeführt werden (siehe Abbildung 8).

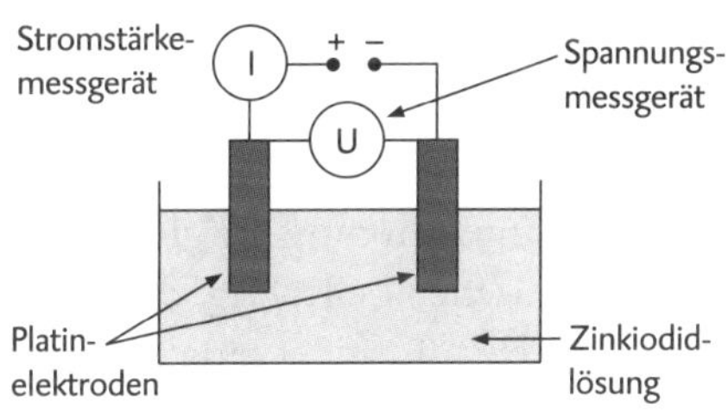

Abb. 8: Versuchsanordnung zur Ermittlung einer Strom-Spannungskurve

Die abgebildete Versuchsanordnung ermöglicht eine genaue Untersuchung der ablaufenden Vorgänge bei dieser Elektrolyse. In den Stromkreis ist ein Stromstärkemessgerät („Amperemeter", I) geschaltet, und ein Spannungsmessgerät („Voltmeter", U) zeigt die an die Elektroden angelegte Spannung an. Erhöht man die angelegte Spannung *U* und misst jeweils die dazugehörende Stromstärke *I*, so erhält man die **Strom-Spannungskurve** der Elektrolysezelle. In diesem Fall ergibt sich Folgendes:

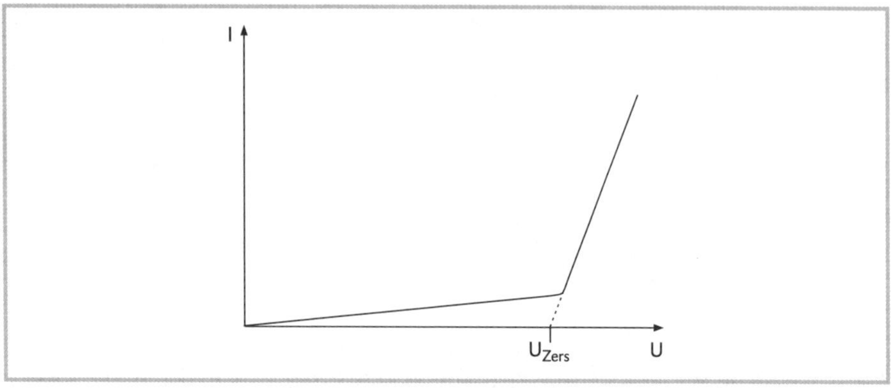

Abb. 9: Bestimmung einer Zersetzungsspannung aus der Strom-Spannungskurve

Unterhalb der als **Zersetzungsspannung** bezeichneten Spannung U_{Zers} fließt nur ein sehr schwacher Strom. Oberhalb dieser Spannung, die bei etwa 1,5 V liegt, steigt die Stromstärke stark und ungefähr linear an. Dann beobachtet man auch Veränderungen an den Elektrodenoberflächen: Am Minuspol scheidet sich Zink ab, am Pluspol färbt sich die Lösung durch abgeschiedenes Iod gelb bzw. braun. Damit ist eine galvanische Zelle entstanden, in der Zink den Minuspol und Iod den Pluspol bildet. Die Zersetzungsspannung entspricht der Spannung dieser Zelle. Die potenzialbestimmenden Vorgänge sind:

$$Zn(s) \rightleftharpoons Zn^{2+}(aq) + 2\,e^- \qquad E^0 = -0{,}76\,V;$$

$$2\,I^-(aq) \rightleftharpoons I_2(s) + 2\,e^- \qquad E^0 = +0{,}54\,V.$$

Das gilt allgemein: Die Zersetzungsspannung ist gleich der Spannung der bei der Elektrolyse entstehenden galvanischen Zelle. Liegt die angelegte Spannung U über der Zersetzungsspannung ($U > U_{Zers}$), findet eine fortlaufende Elektrolyse statt. Bei $U < U_{Zers}$ fließt nur ein ganz schwacher Strom. Er dient dazu, die Überzüge auf den Elektroden aufrecht zu erhalten. Zur Berechnung der Zersetzungsspannung müssen wir nur die Spannung der entstandenen galvanischen Zelle berechnen, wobei gegebenenfalls die NERNST'sche Gleichung heranzuziehen ist. Bezeichnen wir die Elektrodenpotenziale der galvanischen Zelle mit E_1 und E_2, so gilt für die Zellspannung U und die Zersetzungsspannung der Elektrolysezelle U_{Zers}:

$$U = E_1 - E_2 = U_{Zers}\,.$$

Es ist üblich, diese Potenziale E_1 und E_2 bei der Elektrolyse als **Abscheidungspotenziale** zu bezeichnen.

Bei der Berechnung der Zersetzungsspannung für die Elektrolyse der Zinkiodidlösung mit $c(ZnI_2) = 1\ mol \cdot L^{-1}$ ist noch zu beachten, dass die Stoffmengenkonzentration der Iodid-Ionen doppelt so groß wie die Stoffmengenkonzentration der Zink-Ionen ist. Für die Elektrode, an der sich Iod abgeschieden hat, muss das Abscheidungspotenzial also mithilfe der NERNST'schen Gleichung berechnet werden, für die Zinkelektrode ist das Abscheidungspotenzial gleich dem Normalpotenzial E^0:

$$
\begin{aligned}
U_{\text{Zers}} &= E^0(\text{I}^-/\text{I}_2) + \frac{0{,}059\ \text{V}}{2}\lg\left\{\frac{1}{c^2(\text{I}^-)}\right\} - E^0(\text{Zn}/\text{Zn}^{2+}) \\
&= 0{,}54\ \text{V} + \frac{0{,}059\ \text{V}}{2}\lg\left\{\frac{1}{2^2}\right\} - (-0{,}76\ \text{V}) = 1{,}28\ \text{V}\,.
\end{aligned}
$$

Die tatsächlich gemessene Zersetzungsspannung ist fast immer etwas größer. Dieser Effekt wird als **Überspannung** (Symbol η) bezeichnet und beruht im Wesentlichen auf einer Hemmung der Vorgänge an der Elektrodenoberfläche. In unserem Fall gilt also für die tatsächlich gemessene Zersetzungsspannung:

$$U_{\text{Zers}} = 1{,}28\ \text{V} + \eta\,.$$

Berechnen kann man diese Überspannungen nicht. Es lassen sich nur einige Regeln aufstellen. Hohe Überspannungen treten auf, wenn Gase an den Elektroden abgeschieden werden und wenn die „Stromdichte" groß ist, also bei kleiner Elektrodenoberfläche relativ starke Ströme fließen. Welche Rolle die Überspannungen in der Praxis spielen, werden wir noch besprechen. Die größte bekannte Überspannung tritt bei der Elektrolyse von wässrigen Alkalichloridlösungen unter Verwendung einer Quecksilberkathode auf. Hier kann sogar Natrium in wässriger Lösung abgeschieden werden. Es löst sich rasch im flüssigen Quecksilber auf.

Zur Vorhersage der bei der Elektrolyse möglichen Reaktionen lassen sich drei Regeln angeben:

- Am Minuspol läuft bei der Elektrolyse grundsätzlich eine Reduktion ab, also eine Elektronenaufnahme. Diesen Pol nennt man **Kathode**.*
- Am Pluspol läuft grundsätzlich eine Oxidation ab, also eine Elektronenabgabe. Diesen Pol nennt man **Anode**.*
- Mithilfe der Spannungsreihe wird geprüft, welcher von mehreren möglichen Reduktionsvorgängen am leichtesten abläuft. Das ist der mit dem größten („am stärksten positiven") Redoxpotenzial. Entsprechendes wird für die Anode gemacht. Dort läuft der Vorgang mit dem kleinsten („am stärksten negativen") Redoxpotenzial ab.

* Die Begriffe Kathode und Anode dürfen also nur bei der Elektrolyse zur Bezeichnung von Minus- und Pluspol verwendet werden. Bei galvanischen Zellen laufen am Minuspol stets Elektronen abgebende Vorgänge, also Oxidationen ab. Hier ist der Minuspol die Anode und der Pluspol die Kathode.

Die folgende Tabelle stellt noch einmal die wichtigsten Begriffe und Definitionen gegenüber:

	galvanische Zelle	Elektrolysezelle
ablaufende Vorgänge	Redoxreaktion ist Ursache einer elektrischen Spannung	Redoxreaktion wird durch Anlegen einer elektrischen Spannung erzwungen
Minuspol	hier läuft eine Oxidation ab, Anode	hier läuft eine Reduktion ab, Kathode
Pluspol	hier läuft eine Reduktion ab, Kathode	hier läuft eine Oxidation ab, Anode
Spannung	Differenz der Elektrodenpotenziale	Differenz der Abscheidungspotenziale

Beispiel 1:

Eine wässrige Kochsalzlösung wird unter Verwendung von Graphitelektroden elektrolysiert. Welche Reaktionen sind an Kathode und Anode zu erwarten?

Lösung:

Zunächst listet man am besten alle Teilchen auf, die diese Lösung enthält. Es sind in diesem Fall die Teilchen mit den Formeln $Na^{+}(aq)$, $Cl^{-}(aq)$, H_2O sowie in sehr kleinen Stoffmengenkonzentrationen auch H_3O^{+}-Ionen und OH^{-}-Ionen.
Ein Blick auf die Spannungsreihe zeigt, dass an der Kathode zwei Vorgänge denkbar sind, nämlich die Reduktion von Na^{+}-Ionen zu metallischem Natrium oder die Reduktion der im Lösemittel Wasser vorhandenen H_3O^{+}-Ionen unter Bildung von Wasserstoff. Dass ihre Stoffmengenkonzentration sehr klein ist, spielt dabei keine Rolle, sie können aus Wassermolekülen wieder nachgebildet werden. Entsprechendes gilt für die Anode. Auch hier konkurrieren zwei Reaktionen, die Oxidation von Chlorid-Ionen zu Chlor und die Oxidation von Hydroxid-Ionen unter Bildung von Sauerstoff und Wasser. Auch die Hydroxid-Ionen werden aus Wassermolekülen wieder nachgebildet, sodass wie bei der Entladung der Oxonium-Ionen eigentlich Wassermoleküle aufgespalten werden.

Die folgende Grafik enthält die an den Elektroden möglichen Redoxgleichgewichte und die dazugehörenden Potenziale. Dabei wird davon ausgegangen, dass die Stoffmengenkonzentration $c(\text{NaCl}) = 1 \text{ mol} \cdot \text{L}^{-1}$ und der pH-Wert 7 beträgt.

Abscheidungspotenzial

$Na(s)$	$\rightleftharpoons$	$Na^+(aq) + e^-$	$E^0 = -2{,}71$ V
$H_2(g)$	$\rightleftharpoons$	$2\,H^+(aq) + 2\,e^-$	$E^0 = 0$ V (bei pH = 7: $E = -0{,}413$V)
$4\,OH^-(aq)$	$\rightleftharpoons$	$O_2(g) + 2\,H_2O + 4\,e^-$	$E^0 = 0{,}4$ V (bei pH = 7: $E = +0{,}816$ V)
$2\,Cl^-(aq)$	$\rightleftharpoons$	$Cl_2(g) + 2\,e^-$	$E^0 = 1{,}36$ V

E

Da an der Kathode die Reduktion abläuft, bei der das Abscheidungspotenzial am größten („positivsten“) ist und an der Anode die Oxidation, bei der das Abscheidungspotenzial am kleinsten („negativsten“) ist, sind folgende Vorgänge zu erwarten:
An der Kathode die Reduktion:

$$2\,H^+(aq) + 2\,e^- \longrightarrow H_2(g),^{*}$$

an der Anode die Oxidation:

$$2\,OH^-(aq) \longrightarrow \tfrac{1}{2}\,O_2(g) + H_2O + 2\,e^-.^{**}$$

Die Zersetzungsspannung ergibt sich zu $U_{Zers} = 1{,}23$ V.

Welche Bedeutung Überspannungen haben können, sieht man an diesem Beispiel sehr deutlich: Die Zersetzungsspannung für die Abscheidung von Chlor statt Sauerstoff an der Anode ist größer. An den verwendeten Graphitelektroden ist die Bildung von Sauerstoff jedoch mit einer größeren Überspannung verbunden als die von Chlor. Das führt dazu, dass in der Praxis an der Anode Chlor gebildet wird.

* Da die verbrauchten Oxonium-Ionen wieder aus Wassermolekülen nachgebildet werden, $2H_2O \rightleftharpoons 2H^+(aq) + 2OH^-(aq)$, läuft insgesamt der Vorgang $2H_2O + 2e^- \rightarrow H_2 + 2OH^-(aq)$ ab.

** Auch hier werden die verbrauchten Hydroxid-Ionen wieder aus Wassermolekülen nachgebildet und insgesamt läuft der Vorgang $2H_2O \rightarrow O_2(g) + 4H^+(aq) + 4e^-$ ab.

Bei der Elektrolyse einer Natriumchloridlösung an Graphitelektroden beobachtet man daher:
An der Kathode Wasserstoffentwicklung:

$$2\,H^+(aq) + 2\,e^- \longrightarrow H_2(g).$$

Außerdem steigt dort der pH-Wert an, da die verbrauchten Oxonium-Ionen aus Wassermolekülen nachgebildet werden. Die Lösung reagiert also zunehmend alkalisch.
An der Anode entsteht Chlor:

$$2\,Cl^-(aq) \longrightarrow Cl_2 + 2\,e^-.$$

Beispiel 2:

In ein Elektrolysegefäß mit Platinelektroden wird eine Nickel(II)-sulfatlösung der Stoffmengenkonzentration $c = 0{,}5\ \text{mol} \cdot \text{L}^{-1}$ gegeben. Bei der anschließend durchgeführten Elektrolyse entsteht an der Anode Sauerstoff, der unter Berücksichtigung der Überspannung η ein Abscheidungspotenzial $E(OH^-/O_2) + \eta = 1{,}5$ V besitzt.

a) Formulieren Sie Reaktionsgleichungen für die an beiden Polen ablaufenden Vorgänge!

b) Berechnen Sie die Zersetzungsspannung!

c) Wie groß ist die Masse der abgeschiedenen Nickelportion, wenn die Stromstärke $I = 2$ A und die Versuchsdauer 10 Minuten beträgt?

Lösung:

a) An der Kathode:

$$Ni^{2+}(aq) + 2\,e^- \longrightarrow Ni(s),$$

an der Anode:

$$4\,OH^-(aq) \longrightarrow O_2(g) + 2\,H_2O + 4\,e^-.$$

Mit Berücksichtigung der Nachbildung von Hydroxid-Ionen:

$$2\,H_2O \longrightarrow O_2(g) + 4\,H^+(aq) + 4\,e^-.$$

b) $$U_{Zers} = E(OH^-/O_2) + \eta - E(Ni/Ni^{2+}) = 1{,}5\ \text{V} - \left(-0{,}23\ \text{V} + \frac{0{,}059\ \text{V}}{2} \lg\{0{,}5\}\right)$$

$$= 1{,}74\ \text{V}$$

c) Die Stoffmenge der Nickelportion ergibt sich aus dem FARADAY'schen Gesetz. Zur Berechnung der Masse wird noch die molare Masse $M(\mathrm{Ni}) = 58{,}7\ \mathrm{g \cdot mol^{-1}}$ benötigt:

$$n(\mathrm{Ni}) = \frac{Q}{z \cdot F} = \frac{2\ \mathrm{A} \cdot 600\ \mathrm{s}}{2 \cdot 96\,500\ \mathrm{A \cdot s \cdot mol^{-1}}};$$

$$m(\mathrm{Ni}) = n(\mathrm{Ni}) \cdot M(\mathrm{Ni}) = 0{,}365\ \mathrm{g}.$$

Bei dieser Elektrolyse werden 0,365 g Nickel abgeschieden.

Beispiel 3:

Bei der Elektrolyse einer sauer reagierenden (pH = 0) Kupfersulfatlösung an zwei Kupferelektroden beobachtet man keine Gasentwicklung an den Elektroden und erhält folgende Strom-Spannungskurve :

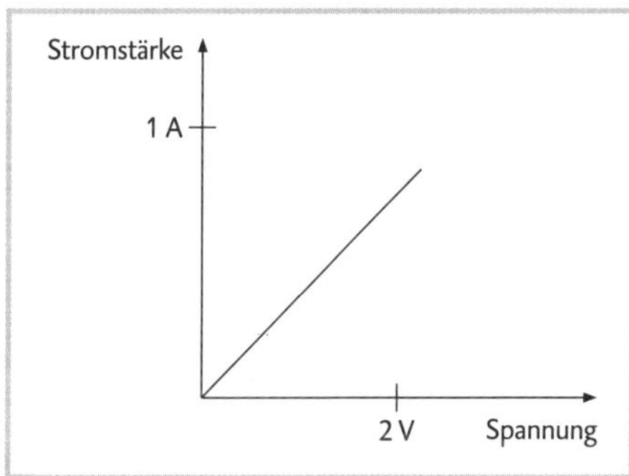

a) Formulieren Sie die Vorgänge an den Elektroden!

b) Warum beträgt in diesem Fall die Zersetzungsspannung $U_{\mathrm{Zers}} \approx 0$ V?

Lösung:

a) An der Kathode werden Kupfer-Ionen entladen:

$$Cu^{2+}(aq) + 2\,e^- \longrightarrow Cu(s),$$

an der Anode gehen Kupfer-Ionen in Lösung:

$$Cu(s) \longrightarrow Cu^{2+}(aq) + 2\,e^-.$$

b) Die Zersetzungsspannung ist gleich groß wie die Spannung der bei der Elektrolyse entstehenden galvanischen Zelle, falls keine Überspannungen auftreten. Während dieses ganzen Elektrolysevorgangs bleibt dieser Zustand erhalten. Andere Elektrodenvorgänge als die unter a) beschriebenen sind nicht möglich. Das zeigt der folgende Ausschnitt aus der Spannungsreihe mit den entsprechenden Abscheidungspotenzialen:

$H_2(g)$	$\rightleftharpoons$ $2\,H^+(aq) + 2\,e^-$	$E^0 = 0\,V$
$Cu(s)$	$\rightleftharpoons$ $Cu^{2+}(aq) + 2\,e^-$	$E^0 = +0{,}34\,V$
$4\,OH^-(aq)$	$\rightleftharpoons$ $2\,H_2O + O_2(g) + 4\,e^-$	$E = +1{,}23\,V$ (bei pH = 0)
$2\,SO_4^{2-}(aq)$	$\rightleftharpoons$ $S_2O_8^{2-}(aq) + 2\,e^-$	$E^0 = +2{,}05\,V$

E ↓

Das Schaubild zeigt, dass Kupfer-Ionen leichter reduziert werden als Oxonium-Ionen bei pH = 0. Es zeigt auch, dass Kupferatome leichter oxidiert werden als Hydroxid-Ionen oder gar Sulfat-Ionen.*

Bei dieser Elektrolyse wird also an der Anode kein Stoff abgeschieden, statt dessen reagiert der Stoff, aus dem die Anode besteht. Eine solche Elektrode wird als „**angreifbare Elektrode**“ bezeichnet, im Gegensatz zur schon besprochenen „**Inertelektrode**“ .

Zusammenfassung

- In einer galvanischen Zelle wird eine Redoxreaktion zur Erzeugung einer elektrischen Spannung benützt, in der Elektrolysezelle wird durch eine elektrische Spannung eine Redoxreaktion erzwungen.
- Die Stellung in der Spannungsreihe entscheidet, welcher von mehreren möglichen Vorgängen an einer Elektrode abläuft.
- Die **Zersetzungsspannung** U_{Zers} ist die zum kontinuierlichen Ablauf der Elektrolyse erforderliche Mindestspannung. Sie kann durch Auftreten einer **Überspannung** η erhöht sein.

* Um deren Abscheidungspotenzial genau berechnen zu können, müssten die Stoffmengenkonzentrationen $c(SO_4^{2-})$ und $c(S_2O_8^{2-})$ bekannt sein.

6.5 Redoxtitrationen

Das bequeme, schnelle und genaue Verfahren der Titration kann auch bei Redoxreaktionen angewandt werden. Als Maßlösungen stehen mehrere Substanzen zur Verfügung. Sie müssen mit hoher Genauigkeit hergestellt werden können und sollten lange Zeit lagerfähig sein. Das bekannteste Beispiel ist die Kaliumpermanganatlösung. Titrationen damit werden als **Manganometrie** bezeichnet. Sie beruhen alle auf der stark oxidierenden Wirkung der Permanganat-Ionen in saurer Lösung, für die folgendes Gleichgewicht formuliert werden kann:

$$Mn^{2+}(aq) + 4\,H_2O \rightleftharpoons MnO_4^-(aq) + 8\,H^+(aq) + 5\,e^-, \quad E^0 = +1{,}51\ V.$$

Man braucht bei diesen Titrationen keinen Indikator, denn die MnO_4^--Ionen verursachen eine intensiv rotviolette Färbung, während die bei der Reduktion entstehenden Mangan(II)-Ionen nicht farbgebend wirken.

Ähnlich gut ist für solche Titrationen die intensiv braun gefärbte Lösung von Iod in wässriger Kaliumiodidlösung geeignet. Bei der Reduktion entstehen aus Iodmolekülen Iodid-Ionen.

$$2\,I^-(aq) \rightleftharpoons I_2(s) + 2\,e^-, \quad E^0 = 0{,}54\ V.$$

Für den Nachweis von Iod steht ein empfindlicher Indikator zur Verfügung. Sehr kleine Mengen lassen sich durch Stärke an der auftretenden intensiven Blaufärbung erkennen.

Welche Stoffe sich mit Oxidationsmitteln wie Iod und Permanganat durch Titration bestimmen lassen, ergibt sich wiederum aus der Spannungsreihe. Das Normalpotenzial muss bei der Titration mit Permanganat unter $E^0 = +1{,}52$ V liegen, für die Titration mit Iodlösung liegt diese Grenze bei $E^0 < +0{,}52$ Volt. Bekannte Beispiele für solche Titrationen sind die Bestimmung der Stoffmengenkonzentration von Eisen(II)-Ionen und die Bestimmung der Stoffmengenkonzentration einer Wasserstoffperoxidlösung.

Die zur Auswertung des Titrationsergebnisses erforderliche **Grundgleichung der Titration** entspricht völlig der schon bei den Säure-Base-Titrationen besprochenen Gleichung.

Zunächst wird eine vereinfachte Reaktionsgleichung für die Titration aufgestellt. Dazu hilft die Redoxreihe, aus der sich z. B. ergibt:

$$Fe^{2+}(aq) \rightleftharpoons Fe^{3+}(aq) + e^-, \quad E^0 = +0{,}77\ V;$$

$$Mn^{2+}(aq) + 4\,H_2O \rightleftharpoons MnO_4^-(aq) + 8\,H^+(aq) + 5\,e^-, \quad E^0 = +1{,}51\ V.$$

Aus diesen beiden Gleichungen folgt, dass 1 mol Permanganat-Ionen 5 mol Eisen(II)-Ionen oxidieren können. Sehr stark vereinfacht lautet die Reaktionsgleichung mit Oxidationszahlen unter Verwendung römischer Ziffern also:

$$5\,\overset{+II}{\mathrm{Fe}} + \overset{+VII}{\mathrm{Mn}} \longrightarrow 5\,\overset{+III}{\mathrm{Fe}} + \overset{+II}{\mathrm{Mn}},$$

und die Grundgleichung der Titration:

$$c(\mathrm{Fe^{2+}}) \cdot V(\mathrm{Fe^{2+}\text{-}Lsg.}) = 5 \cdot c(\mathrm{MnO_4^-}) \cdot V(\mathrm{MnO_4^-\text{-}Lsg.}).$$

Die ausführliche Reaktionsgleichung ist recht kompliziert. Man kann sie aber aus den in der Redoxreihe angegebenen Gleichgewichten einfach „abschreiben“, wobei nur zu beachten ist, dass die Anzahl der aufgenommenen Elektronen gleich der Anzahl der abgegebenen Elektronen ist:

$$\underset{\text{Reduktions-mittel}}{5\,\mathrm{Fe^{2+}(aq)}} + \underset{\text{Oxidations-mittel}}{\mathrm{MnO_4^-(aq)}} + 8\,\mathrm{H^+(aq)} \longrightarrow 5\,\mathrm{Fe^{3+}(aq)} + \mathrm{Mn^{2+}(aq)} + 4\,\mathrm{H_2O}.$$

Soll die Stoffmengenkonzentration eines Oxidationsmittels bestimmt werden, benötigt man eine reduzierend wirkende Maßlösung. Geeignet dafür sind zum Beispiel Oxalsäurelösung oder eine Natriumthiosulfatlösung. Für die Bestimmung des Äquivalenzpunktes gibt es **Redoxindikatoren**, das sind Stoffe, die bei einem bestimmten Redoxpotenzial ihre Farbe ändern.

Eine besonders interessante Variante solcher „Titrationen“ ist für die katalytische Nachbehandlung von Motorabgasen der Kraftfahrzeuge zu hohem technischem Stand entwickelt worden. Die λ-Sonde besteht aus zwei Platinelektroden, zwischen denen sich ein Festkörperelektrolyt befindet. Eine Halbzelle ist eine Luft-Platin-Halbzelle, die andere Halbzelle eine Abgas-Platin-Halbzelle. Man erhält eine Potenzialdifferenz, die vom Partialdruck des Sauerstoffs im Abgas abhängt. Die Motorelektronik ändert dann das Benzin-Luft-Gemisch, sodass weder Überschuss noch Mangel an Sauerstoff im Abgas auftritt und am Katalysator praktisch alle Schadstoffe oxidiert bzw. reduziert werden können.

Beispiel 1:

In einem Experiment zur Bestimmung der Reaktionsgeschwindigkeit bei der Umsetzung von Eisen mit verdünnter Schwefelsäure wurde die nach zehn Minuten erhaltene Lösung abgegossen. 10 mL dieser Lösung von Eisen(II)-sulfat sind anschließend mit Kaliumpermanganatlösung der Stoffmengenkonzentration $c(\mathrm{MnO_4^-}) = 0{,}01\ \mathrm{mol \cdot L^{-1}}$ titriert worden. Der Verbrauch betrug 8,7 mL.

Berechnen Sie die Masse der in der Analysensubstanz enthaltenen Eisen(II)-Ionen!

Lösung:

Wie oben angegeben, lautet die Grundgleichung der Titration in diesem Fall:

$$c(Fe^{2+}) \cdot V(Fe^{2+}\text{-Lsg.}) = 5 \cdot c(MnO_4^-) \cdot V(MnO_4^-\text{-Lsg.})\,.$$

Benötigt wird zur Berechnung der Masse $m(Fe^{2+})$ noch die molare Masse dieser Ionen. Sie beträgt $M(Fe^{2+}) = 55{,}9\ g \cdot mol^{-1}$. Da $n = c \cdot V$ und $m = n \cdot M$, ergibt sich durch Einsetzen:

$$n(Fe^{2+}) = 5 \cdot c(MnO_4^-) \cdot V(MnO_4^-\text{-Lsg.}) = 5 \cdot 0{,}01\ mol \cdot L^{-1} \cdot 8{,}7\ mL$$
$$= 0{,}435 \cdot 10^{-3}\ mol\,;$$
$$m(Fe^{2+}) = n(Fe^{2+}) \cdot M(Fe^{2+}) = 24{,}3\ mg\,.$$

Die Analysenlösung enthielt 24,3 mg Eisen(II)-Ionen.

Beispiel 2:

In der Baustoffindustrie ist die Stoffmengenkonzentration löslicher Calciumverbindungen in einem Gemisch aus Zement und Wasser eine wichtige Eigenschaft. Sie kann auf folgende Weise bestimmt werden: Nach dem Abfiltrieren des unlöslichen Rückstandes werden die Calcium-Ionen in Gegenwart einer Pufferlösung mit Oxalsäure (HOOC – COOH) als Calciumoxalat ($Ca^{2+}C_2O_4^{2-}$) ausgefällt. Der Niederschlag wird abfiltriert, mit verdünnter Schwefelsäure in Lösung gebracht und die dabei entstandene Oxalsäure mit Kaliumpermanganatlösung der Stoffmengenkonzentration $c(MnO_4^-) = 0{,}01\ mol \cdot L^{-1}$ titriert.

a) Formulieren Sie zu dieser Titration eine Reaktionsgleichung!
Hinweis:

$$C_2O_4^{2-} \rightleftharpoons 2CO_2 + 2e^- \qquad E^0 < 1{,}5\ V\,.$$

b) Berechnen Sie die Stoffmengenkonzentration c(Oxals.), wenn für die Oxidation von 10 mL Oxalsäurelösung 13,2 mL Kaliumpermanganatlösung der Stoffmengenkonzentration $c(MnO_4^-) = 0{,}02\ mol \cdot L^{-1}$ verbraucht worden sind!

Lösung:

a) $5\,C_2O_4^{2-}(aq) + 2\,MnO_4^-(aq) + 16\,H^+(aq)$

$$\longrightarrow 10\,CO_2(g) + 2\,Mn^{2+}(aq) + 8\,H_2O.$$

b) Da ein Oxalat-Ion ($C_2O_4^{2-}$) 2 Elektronen abgibt und ein Permanganat-Ion 5 Elektronen aufnimmt, gilt:

$$2 \cdot n(\text{Oxals.}) = 5 \cdot n(MnO_4^-)\,;$$

$$c(\text{Oxals.}) \cdot V(\text{Oxals.-Lsg.}) = \frac{5 \cdot c(MnO_4^-) \cdot V(MnO_4^-\text{-Lsg})}{2}\,;$$

$$c(\text{Oxals.}) = \frac{5 \cdot c(MnO_4^-) \cdot V(MnO_4^-\text{-Lsg})}{2 \cdot V(\text{Oxals.-Lsg.})} =$$

$$= \frac{5 \cdot 0{,}02\ \text{mol} \cdot L^{-1} \cdot 0{,}0132\ L}{2 \cdot 0{,}01\ L} = 0{,}066\ \text{mol} \cdot L^{-1}\,.$$

Die Oxalsäurelösung hatte die Stoffmengenkonzentration $c(\text{Oxals.}) = 0{,}066\ \text{mol} \cdot L^{-1}$.

Zusammenfassung

Die Stoffmengenkonzentration der Lösung eines Reduktionsmittels kann durch Titration mit einem Oxidationsmittel bestimmt werden.
Die Grundgleichung für diese Titrationen ergibt sich aus einer vereinfachten Reaktionsgleichung, die man mithilfe der Oxidationszahlen erhält.

6.6 Aufgaben

23 Eine galvanische Zelle besteht aus einer Silber-Halbzelle und einer Kupfer-Halbzelle gleicher Größe. Die Stoffmengenkonzentrationen betragen zu Beginn $c(Ag^+) = 0{,}2\ \text{mol} \cdot L^{-1}$ und $c(Cu^{2+}) = 0{,}5\ \text{mol} \cdot L^{-1}$.
Berechnen Sie die Spannung U zu Beginn und für den Fall, dass die Stoffmengenkonzentration $c(Ag^+)$ nach längerer Betriebszeit auf eine Konzentration von $c(Ag^+) = 0{,}1\ \text{mol} \cdot L^{-1}$ abgesunken ist!

24 Ein altes, aber sehr genaues Verfahren zur quantitativen Analyse von kupferhaltigen Legierungen ist die Elektrogravimetrie. Dabei wird z. B. Messing zunächst in eine Lösung übergeführt, welche die Sulfate der beiden Metalle

enthält und pH = 0 besitzt. Danach erfolgt eine Elektrolyse an Platinelektroden. Durch Wahl einer geeigneten Spannung kann man zunächst das eine, später das andere Metall abscheiden. Die Massen werden jeweils nach sorgfältigem Trocknen der Elektroden mit einer Analysenwaage bestimmt.

a) Berechnen Sie die Abscheidungspotenziale für den Fall, dass die Metallionen jeweils die Stoffmengenkonzentration 0,5 mol · L^{-1} besitzen!

b) Berechnen Sie die Zersetzungsspannung für das zuerst abgeschiedene Metall unter der Annahme, dass an der Anode Sauerstoff entsteht und keine Überspannungen auftreten!

c) Wie groß ist die Masse der abgeschiedenen Kupferportion, wenn die Elektrolysezelle 5 Minuten lang mit der Stromstärke I = 0,3 A betrieben wird?

25 In Laborgefäßen abgelagerte dunkle Beläge aus Braunstein (MnO_2) können durch Spülen mit einer verdünnten, angesäuerten Wasserstoffperoxidlösung ($c(H_2O_2)$ = 1 mol · L^{-1} und pH = 0) beseitigt werden. Dabei tritt Gasentwicklung auf.
Wie groß ist das Redoxpotenzial dieser Wasserstoffperoxidlösung?
Formulieren Sie eine Reaktionsgleichung für die Entfernung des Belages und geben Sie Oxidationsmittel und Reduktionsmittel an!

26 Zur Bestimmung des Löslichkeitsproduktes von Silberchlorid wurde eine Standardwasserstoffelektrode mit einer Silber-Halbzelle kombiniert. Diese enthält ein Silberblech und als Elektrolyt eine gesättigte Lösung von Silberchlorid in verdünnter Salzsäure mit pH = 1. Die Spannung dieser galvanischen Zelle beträgt U = 0,281 V.
Berechnen Sie das Löslichkeitsprodukt K_L(AgCl)!

27 Bei der Elektrolyse von Salzsäure mit der Stoffmengenkonzentration c_0 = 1 mol · L^{-1} an blanken Platin-Elektroden entsteht an der Anode Chlor und fast kein Sauerstoff.

a) Wie groß muss die Überspannung für die Sauerstoffabscheidung mindestens sein, damit Chlor entstehen kann?

b) Warum sollte man diese Elektrolysezelle nur kurzfristig betreiben?

7 Chemische Energetik

7.1 Die wichtigsten energetischen Größen

Jede chemische Reaktion ist von energetischen Effekten begleitet. Die meisten Reaktionen werden sogar nur wegen der damit verbundenen Energieumsätze in die Wege geleitet und nicht etwa um neue Substanzen herzustellen. Energetische Effekte bestimmen auch, ob eine Reaktion ablaufen kann.
Mit sechs energetischen Größen und einigen mathematischen Beziehungen können wir ein Formelsystem aufbauen, das sich als eines der leistungsfähigsten Hilfsmittel in der Chemie erweisen wird. Dieses Teilgebiet wird als chemische Thermodynamik bezeichnet. Viele der dort verwendeten Begriffe sind bereits aus dem Physikunterricht bekannt:

energetische Größe	Symbol	Einheit
Wärme	Q	1 Joule = 1 N · m
Arbeit	W	1 Joule = 1 N · m
innere Energie	U	1 Joule = 1 N · m
Enthalpie	H	1 Joule = 1 N · m
Entropie	S	$1\ J \cdot K^{-1}$
freie Enthalpie	G	1 Joule = 1 N · m

Bei beinahe jeder chemischen Reaktion spielen alle sechs Größen eine Rolle. Im Einzelnen haben sie folgende Bedeutung:

Die Wärme

Wird bei einer Reaktion Wärme abgegeben, so beobachtet man einen Temperaturanstieg. Diese Reaktion nennen wir **exotherm**. Der umgekehrte Fall wird als **endotherme Reaktion** bezeichnet.
Im Schülerpraktikum lassen sich diese Reaktionswärmen im **Kalorimeter** messen, das ist im Prinzip nichts anderes als ein Thermosgefäß (siehe Abbildung 10). Aus der Temperaturänderung der Kalorimeterflüssigkeit, meist wird dazu Wasser verwendet, berechnet man die von den reagierenden Stoffportionen abgegebenen bzw. aufgenommenen Wärmemengen.

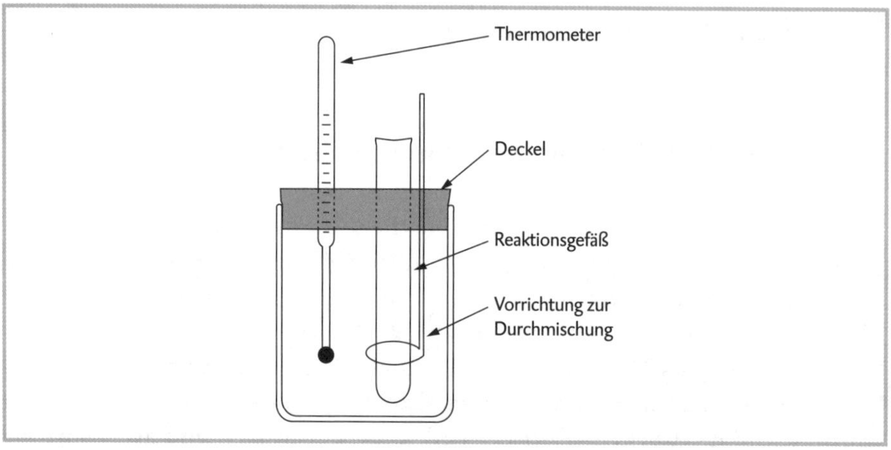

Abb. 10: Kalorimeter zur Bestimmung der Reaktionswärme

Die Reaktionswärme wird nach folgender Gleichung berechnet:

$$Q = -(C(H_2O) \cdot m(H_2O) + C_{Kal}) \cdot (\vartheta_2 - \vartheta_1).$$

Dabei ist $C(H_2O) = 4{,}19\ J \cdot g^{-1} \cdot K^{-1}$ die spezifische Wärmekapazität des Wassers, $m(H_2O)$ die Masse der Kalorimeterflüssigkeit, C_{Kal} die Wärmekapazität des Gefäßes einschließlich des eingebauten Zubehörs, ϑ_1 die Temperatur zu Beginn und ϑ_2 die Temperatur nach Beendigung der Reaktion. C_{Kal} muss in einem Vorversuch bestimmt werden und gilt für alle Experimente mit diesem Kalorimeter.
Besondere Beachtung verdient bei dieser Gleichung die Vorzeichenfestlegung. Das negative Vorzeichen vor dem Klammerausdruck muss gesetzt werden, weil die von den reagierenden Stoffportionen abgegebene bzw. aufgenommene Wärme berechnet werden soll. Bei einer exothermen Reaktion ist $\vartheta_2 - \vartheta_1 > 0$ und Q muss negativ sein, weil Wärme abgegeben worden ist. Bei der endothermen Reaktion ist $Q > 0$.

Die Arbeit

Die verrichtete Arbeit hat mehrere Gesichter: So gibt es zum Beispiel die mechanische Arbeit W_{mech} und die elektrische Arbeit W_{el}:

$W_{mech} = F \cdot s$	Kraft F Wegstrecke s
$W_{el} = U \cdot I \cdot t$	Spannung U Stromstärke I Zeit t

Mechanische Arbeit wird zum Beispiel verrichtet, wenn bei einer Reaktion ein Gas entsteht, das die vorher im Reaktionsgefäß vorhandene Luft verdrängt. Elektrische Arbeit tritt beim Betrieb einer galvanischen Zelle auf.

Die innere Energie

In der Physik versteht man unter der Energie gespeicherte Wärme und/oder gespeicherte Arbeit. Man unterscheidet dort verschiedene Energiearten. Dazu gehören zum Beispiel die kinetische Energie (Bewegungsenergie) eines geworfenen Balles und die potenzielle Energie einer gehobenen Last. Die in einer Stoffportion aufgrund ihrer chemischen Zusammensetzung, ihrer Temperatur und ihres Druckes gespeicherte Energie wird als **innere Energie** bezeichnet.
Für die Energie gilt ein **Erhaltungssatz (1. Hauptsatz der Wärmelehre)**. Mathematisch formuliert lautet er:

$$U_2 - U_1 = \Delta U = Q + W + W_{el} + W_{Strahlung} + \ldots$$

Dabei ist U_1 die innere Energie vor, U_2 die innere Energie nach dem betrachteten Vorgang und ΔU die Differenz der beiden Energien (vgl. Abbildung 11).

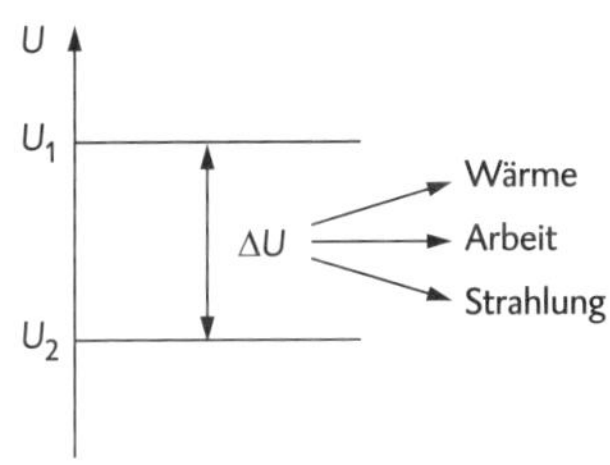

Abb. 11: 1. Hauptsatz: Die Änderung der inneren Energie ist genauso groß wie die Summe aus abgegebener Wärme, Strahlungsenergie und verrichteter Arbeit

Auch hier ist die Vorzeichenfestsetzung zu beachten. Abgegebene Wärme- und Arbeitsbeträge erhalten negatives, aufgenommene positives Vorzeichen.
Vereinfachte Formulierungen des Energieerhaltungssatzes sind möglich, wenn dafür gesorgt wird, dass ein Summand oder gar mehrere Summanden den Wert null erhalten. Die elektrische Arbeit spielt nur bei galvanischen Zellen eine Rolle, andernfalls gilt $W_{el} = 0$. Auch die Abgabe von Strahlung ist in der Regel unbedeutend. Beim Kalorimeter wird sie durch eine Verspiegelung des Gefäßes verhindert. Nur Wärmeaustausch und verrichtete mechanische Arbeit sind bei den meisten Reaktionen von Bedeutung. Dafür lautet dann der **Energieerhaltungssatz**:

$$\Delta U = Q + W.$$

Dass bei Reaktionen Arbeit verrichtet wird, hat folgenden Grund: Sie laufen meist bei konstantem Druck ab. Dabei ändert sich in der Regel das Volumen, vor allem wenn gasförmige Stoffe entstehen oder verbraucht werden. Dann wird immer Arbeit verrichtet, weil Teilchen andere Teilchen verdrängen, die sich vorher an deren Stelle befunden haben. Abbildung 12 zeigt, wie diese **Volumenarbeit** berechnet werden kann:

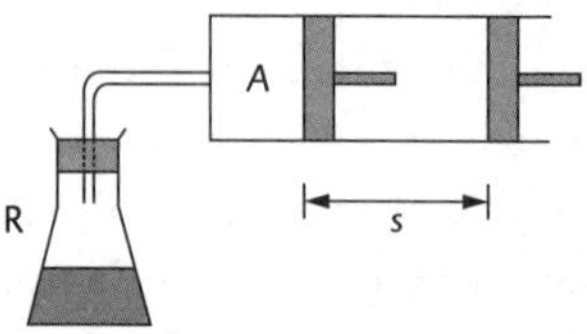

Abb. 12: Berechnung der Volumenarbeit

Im Reaktionsgefäß R läuft eine Reaktion ab, z. B. von Magnesium mit Salzsäure. Der entstehende Wasserstoff verschiebt den Kolben mit der Fläche *A* um die Strecke *s*.
Die Arbeit ergibt sich aus der gemessenen Volumenänderung $\Delta V = A \cdot s$ und dem Druck *p*. Unter dem Druck versteht man den Quotienten aus der Kraft *F* und der Fläche *A*. Die Arbeit *W* ist das Produkt aus Kraft *F* und Wegstrecke *s*.
Es gilt also:

$$p = \frac{F}{A}$$

und

$$W = F \cdot s = p \cdot A \cdot s.$$

Daraus folgt:

$$W = p \cdot (V_2 - V_1) = p \cdot \Delta V.$$

Diese Arbeit *W* wird als Volumenarbeit bezeichnet.
Beim Einsetzen in den Energieerhaltungssatz ist zu beachten, dass die innere Energie kleiner wird, wenn das Volumen zunimmt, weil dann Arbeit verrichtet worden ist. Das Produkt aus Druck und Volumenänderung muss daher ein negatives Vorzeichen erhalten:

$$\Delta U = U_2 - U_1 = Q + W,$$

oder

$$\Delta U = Q - p \cdot \Delta V.$$

Ändert sich bei der Reaktion das Volumen nicht, ist die verrichtete Arbeit null. Das kann auch durch ein Reaktionsgefäß mit stählernen Wänden (Kalorimeterbombe) erzwungen werden. Der Energieerhaltungssatz vereinfacht sich unter dieser Bedingung zur Beziehung:

$$\Delta U = U_2 - U_1 = Q \qquad \text{(bei konstantem Volumen)}.$$

Die Enthalpie

Die umständliche Formulierung des Energieerhaltungssatzes für alle bei konstantem Druck ablaufenden Reaktionen kann durch die Einführung einer zusätzlichen Energiegröße vermieden werden. Sie wird als Enthalpie (Symbol H) bezeichnet. Der Energieerhaltungssatz lautet dann:

$$\Delta H = Q \qquad \text{(bei konstantem Druck)}.$$

Die Enthalpie wird auch manchmal als „Wärmeinhalt" bezeichnet. Eine Reaktion, bei der die Endstoffe eine kleinere Enthalpie als die Ausgangsstoffe besitzen, ist exotherm (siehe Abbildung 13):

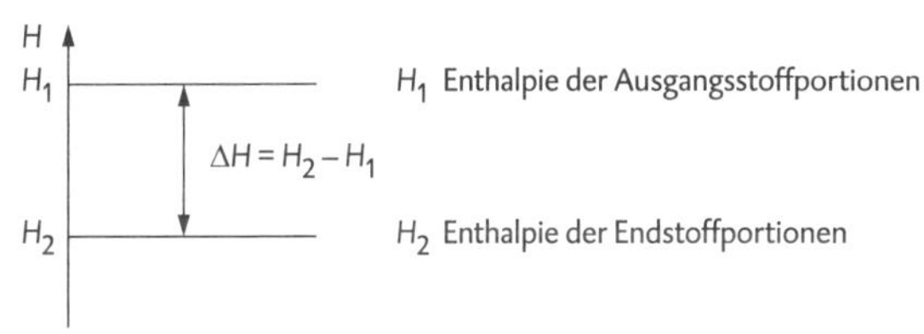

Abb. 13: Reaktionsenthalpie als Differenz zweier Enthalpien

Im umgekehrten Fall spricht man von einer endothermen Reaktion.

Für die exotherme Reaktion gilt: $\Delta H = H_2 - H_1 < 0$,
und für die endotherme Reaktion: $\Delta H = H_2 - H_1 > 0$.

Die Enthalpieänderung ΔH bei einer Reaktion heißt Reaktionsenthalpie. Sie kann mithilfe eines Kalorimeters bestimmt werden.
Die für die Chemie wichtigste Anwendung des Energieerhaltungssatzes ist der **Satz von HESS**: „Läuft eine Reaktion über die Bildung von Zwischenprodukten ab, so ist die Summe der Reaktionsenthalpien für alle Zwischenschritte gleich der Reaktionsenthalpie der Gesamtreaktion."

Das bekannteste Beispiel ist die Synthese von Kohlenstoffmonooxid und Kohlenstoffdioxid aus den Elementen.

$$2\,C(s) + O_2(g) \longrightarrow 2\,CO(g), \quad \Delta H_1 = -221\ kJ;$$

$$2\,CO(g) + O_2(g) \longrightarrow 2\,CO_2(g), \quad \Delta H_2 = -566\ kJ.$$

Gesamtreaktion:

$$2\,C(s) + 2\,O_2(g) \longrightarrow 2\,CO_2(g), \quad \Delta H_3 = \Delta H_1 + \Delta H_2 = -787\ kJ.$$

Bei der Angabe von Reaktionsenthalpien stellt sich die Frage, für welche Stoffmengen diese Werte gelten. Im Zusammenhang mit einer Reaktionsgleichung wird die Reaktionsenthalpie stets für einen Formelumsatz angegeben. Das bedeutet, dass die Stoffmengen (Einheit 1 mol) so groß sind, wie die stöchiometrischen Zahlen in der Reaktionsgleichung angeben. ΔH_1 gilt also für die Reaktion von 2 mol Kohlenstoff mit 1 mol Sauerstoff unter Bildung von 2 mol Kohlenstoffmonooxid.

Die Entropie

Wägbare Stoffportionen enthalten stets sehr viele Teilchen. Abgesehen vom festen Aggregatzustand, befinden sie sich in rascher Bewegung. Das Verhalten solcher Ansammlungen von Teilchen gehorcht daher auch den Gesetzen der **Stochastik** (Wahrscheinlichkeitsrechnung). Verdeutlichen können wir das an einigen einfachen Beispielen:
Befinden sich nur drei bewegliche Teilchen in einem geschlossenen Behälter, gibt es insgesamt bereits acht **Verteilungsmöglichkeiten** auf die beiden Hälften dieses Raumes:

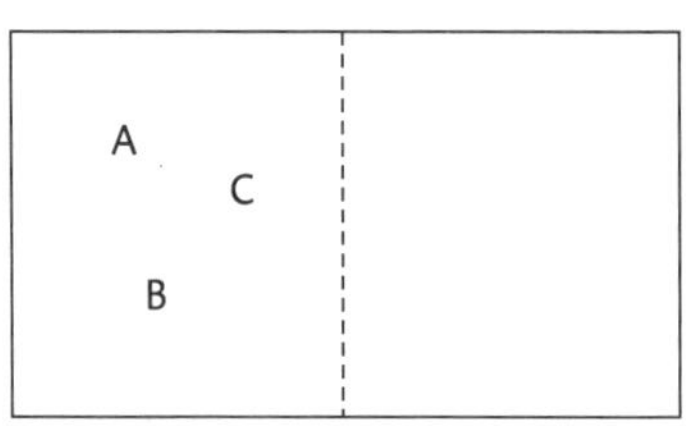

linke Hälfte	rechte Hälfte
A, B, C	–
A, B	C
A, C	B
B, C	A
C	A, B
B	A, C
A	B, C
–	A, B, C

Abb. 14: Verteilungsmöglichkeiten frei beweglicher Teilchen

Versteht man unter der **Wahrscheinlichkeit** w eines Ereignisses den Quotienten aus der Anzahl der günstigen Fälle (z_1) und der Anzahl der möglichen Fälle (z_2), so beträgt sie für das Ereignis, dass sich alle drei Teilchen in der linken Hälfte des Gefäßes befinden:

$$w = \frac{z_1}{z_2} = \frac{1}{8} = \frac{1}{2^3} .$$

Für eine Gasportion mit der Stoffmenge n = 1 mol ergibt sich der sehr kleine Wert

$$w = \frac{1}{2^{600\,000\,000\,000\,000\,000\,000\,000}} .$$

Es ist also extrem unwahrscheinlich, dass sich alle Moleküle dieser Gasportion in einer Hälfte des Gefäßes befinden.
Die energetische Größe, die eine Aussage über die Wahrscheinlichkeit der Anordnung der Teilchen macht, heißt **Entropie**. Ihr Symbol ist S und ihre Einheit $[S] = 1\ J \cdot K^{-1}$*.
Dass die Entropie Aussagen über die Wahrscheinlichkeit der Anordnung der Teilchen in Stoffportionen machen kann, zeigt die folgende Tabelle. In ihr sind die Entropien S für jeweils 1 mol der angegebenen Stoffe unter Standardbedingungen angegeben:

	S in $J \cdot K^{-1}$
$H_2O(l)$	69,9
$H_2O(g)$	188,7
C(s), Diamant	2,44
$H_2(g)$	130,6
NaCl(s)	72,4
NaCl(aq)	115,4

Im Gitter des Diamanten befinden sich die Atome in einem extrem geordneten und damit sehr wenig wahrscheinlichen Zustand. Bemerkenswert sind auch die

* Die Berechnung solcher Wahrscheinlichkeiten stellt uns in den meisten Fällen vor mathematisch nicht mehr lösbare Probleme. Den Übergang in den Zustand mit der größeren Wahrscheinlichkeit kann man durch geeignete Versuchsbedingungen zur Verrichtung von Arbeit nutzen. Deswegen lassen sich Entropieänderungen in $J \cdot K^{-1}$ angeben.

aus dieser Tabelle ersichtlichen Entropieunterschiede. Wasserdampf besitzt eine wesentlich höhere Entropie als eine Portion flüssigen Wassers mit gleicher Stoffmenge. Das liegt daran, dass sich die Teilchen beim Verdampfen auf einen wesentlich größeren Raum verteilen. Auch die Anordnung der Teilchen in einer Kochsalzlösung ist wesentlich wahrscheinlicher als im festen Kochsalz. Grundsätzlich gilt, dass der Zustand, in dem die Anordnung der Teilchen die größte Wahrscheinlichkeit besitzt, auch die größte Entropie hat.
Bereits das bisher über die Entropie Gesagte macht verständlich, dass ihr beim Reaktionsablauf eine erhebliche Bedeutung zukommt. Eine Versuchsanordnung, die keinerlei Austausch von Stoffen und/oder Energie mit der Umgebung zulässt, wird als **„isoliertes System“** bezeichnet. Darin können überhaupt nur solche Vorgänge ablaufen, bei denen die Entropie insgesamt zunimmt. Diese Aussage wird als **2. Hauptsatz der Wärmelehre** bezeichnet. Er lautet, in Worten und dann auch mathematisch formuliert:
„In einem isolierten System laufen nur solche Vorgänge ab, bei denen die Gesamtentropie zunimmt.“

$$\Delta S > 0.$$

Isolierte Systeme sind in der Praxis sehr selten. Außerdem können in Teilbereichen isolierter Systeme sehr wohl Reaktionen ablaufen, bei denen die Entropie abnimmt. Der zweite Hauptsatz eignet sich also nicht ohne Weiteres zur Vorhersage, ob eine Reaktion ablaufen wird oder nicht.

Die freie Enthalpie

Sie ist die für die Chemie wichtigste dieser Größen. Die freie Enthalpie (Symbol G) einer Stoffportion ist die Differenz aus der Enthalpie und dem Produkt aus Temperatur und Entropie:

$$G = H - T \cdot S.$$

Da sich bei Reaktionen sowohl die Enthalpie als auch die Entropie ändern, ändert sich auch die freie Enthalpie:

$$\Delta G = \Delta H - T \cdot \Delta S \qquad (p \text{ und } T \text{ konstant}).$$

Diese **freie Reaktionsenthalpie** ΔG hat entscheidenden Einfluss auf den Reaktionsablauf. Eine Reaktion heißt **exergonisch**, wenn die freie Reaktionsenthalpie negatives Vorzeichen besitzt, andernfalls wird sie als **endergonisch** bezeichnet.

$$\Delta G < 0, \qquad \text{exergonische Reaktion};$$

$$\Delta G > 0, \qquad \text{endergonische Reaktion}.$$

$\Delta G < 0$ ist die notwendige Bedingung für einen Reaktionsablauf im geschlossenen System. Es lässt keinen Stoffaustausch, jedoch Wärme- und Arbeitsaustausch mit der Umgebung zu, der Druck bleibt konstant und auch die Temperatur ist vor und nach dem Experiment etwa gleich. Ist $\Delta G > 0$, kann diese Reaktion nicht ablaufen. Warum das so ist und wie ΔG experimentell bestimmt werden kann, werden wir noch besprechen.

Beispiel 1:

Die Bestimmung der Reaktionsenthalpie hat für die Reaktion von 1 mol Zink mit Salzsäure den Wert $\Delta H = -152$ kJ ergeben. Berechnen Sie die Änderung der inneren Energie ΔU, wenn die Reaktion bei konstantem Druck ($p = 1\,000$ hPa) abläuft und 1 mol Wasserstoff bei den gegebenen Bedingungen das Volumen $V = 24$ L besitzt.

Lösung:

Reaktionsenthalpie und Änderung der inneren Energie bei der Reaktion unterscheiden sich um die verrichtete Arbeit $W = -p \cdot \Delta V$. Zu den Einheiten der Größen ist noch zu bemerken, dass 1 Pa = 1 $N \cdot m^{-2}$ ist und 1 N · m = 1 J. Die Berechnung erfolgt mithilfe des Energieerhaltungssatzes:

$$\Delta H = Q\,;$$

$$\Delta U = Q - p \cdot \Delta V = -152\text{ kJ} - (100\,000\text{ N} \cdot \text{m}^{-2} \cdot 0{,}024\text{ m}^3) =$$
$$= -152\text{ kJ} - 2{,}4\text{ kJ} = -154{,}4\text{ kJ}.$$

Die Änderung der inneren Energie bei der Reaktion von 1 mol Zink mit Salzsäure beträgt $\Delta U = -154{,}4$ kJ.

Beispiel 2:

Bei einem Schülerexperiment wurde ein Stück Magnesiumband mit der Masse m(Mg) = 0,261 g in einem Kalorimeter mit verdünnter Salzsäure zur Reaktion gebracht. Das Volumen der Salzsäureportion betrug $V = 200\text{ cm}^3$, die Temperatur vor dem Beginn des Versuchs $\vartheta_1 = 20{,}3\ ^\circ$C. Nach der Reaktion mit der im Überschuss vorhandenen Salzsäure wurden $\vartheta_2 = 25{,}8\ ^\circ$C gemessen.
In einem Vorversuch ist die Wärmekapazität der Versuchsanordnung ohne Kalorimeterflüssigkeit zu $C_{Kal} = 90\text{ J} \cdot \text{K}^{-1}$ bestimmt worden. Die spezifische Wärmekapazität der Salzsäure beträgt $C(\text{Salzsäure}) = 4{,}18\text{ J} \cdot \text{cm}^{-3} \cdot \text{K}^{-1}$.

a) Berechnen Sie die Reaktionsenthalpie für diesen Versuch!
b) Wie groß ist die Reaktionsenthalpie bei der Reaktion von 1 mol Magnesium mit Salzsäure?

Lösung:

a) Die Reaktionswärme wird nach der auf S. 96 angegebenen Gleichung berechnet:

$$Q = -(C(\text{Salzsäure}) \cdot V + C_{\text{Kal}}) \cdot (\vartheta_2 - \vartheta_1)$$
$$= -(4{,}18\ \text{J} \cdot \text{cm}^{-3} \cdot \text{K}^{-1} \cdot 200\ \text{cm}^3 + 90\ \text{J} \cdot \text{K}^{-1}) \cdot (25{,}8\ °\text{C} - 20{,}3\ °\text{C})\ ;\ ^*$$
$$\Delta H = Q = -5{,}09\ \text{kJ}\ .$$

Die Reaktionsenthalpie für die Reaktion von 0,261 g Magnesium mit verdünnter Salzsäure beträgt $\Delta H = -5{,}1$ kJ.

b) Zur Berechnung der Reaktionsenthalpie für die Reaktion von 1 mol Magnesium muss das Ergebnis der Teilaufgabe a) durch die Stoffmenge $n(\text{Mg})$ der im Versuch verwendeten Magnesiumportion dividiert und mit der Stoffmenge $n_1(\text{Mg}) = 1$ mol multipliziert werden. Benötigt wird dazu noch die molare Masse des Magnesiums $M(\text{Mg}) = 24{,}31\ \text{g} \cdot \text{mol}^{-1}$ und die Beziehung $n = m \cdot M^{-1}$.

$$\Delta H_1 = \frac{n_1 \cdot \Delta H}{n(\text{Mg})} = \frac{1\,\text{mol} \cdot \Delta H \cdot M(\text{Mg})}{m(\text{Mg})} = \frac{1\,\text{mol} \cdot \Delta H \cdot 24{,}31\,\text{g} \cdot \text{mol}^{-1}}{0{,}261\,\text{g}}$$
$$= -4{,}74 \cdot 10^2\ \text{kJ}\ .$$

Die Reaktionsenthalpie für die Reaktion von 1 mol Magnesium mit verdünnter Salzsäure beträgt $\Delta H_1 = -4{,}74 \cdot 10^2$ kJ.

* Die Einheit Kelvin (K) kürzt sich heraus, weil die Differenz zweier Celsiustemperaturen die Einheit K besitzt: $[\Delta\vartheta] = 1$ K. Die Begründung erfolgt durch Einsetzen. Statt $\vartheta_2 = 25{,}8\ °\text{C}$ kann man schreiben: $T_2 = (25{,}8 + 273)$ K. Entsprechendes gilt für T_1.

Zusammenfassung

- $\Delta U = Q + W + \ldots$ und
  $\Delta H = Q$ (bei konstantem Druck)

  sind die in der Chemie wichtigsten Formulierungen des **Energieerhaltungssatzes**.
- Verläuft eine Reaktion unter Bildung von Zwischenprodukten, so gilt der **Satz von Hess**: „Die Summe der Reaktionsenthalpien der Zwischenschritte ist gleich der Reaktionsenthalpie der Gesamtreaktion."
- Bei einer Reaktion nimmt die **Entropie** (Symbol *S*) zu, wenn die Teilchen nach der Reaktion eine wahrscheinlichere Anordnung als vor der Reaktion besitzen.
- Die **freie Reaktionsenthalpie** hat entscheidenden Einfluss auf den Reaktionsablauf.
  $\Delta G < 0$ (exergonische Reaktion) ist eine notwendige Bedingung für den Ablauf einer Reaktion.

  Es gilt:

  $\Delta G < 0$ exergonische Reaktion (läuft ab)
  $\Delta H < 0$ exotherme Reaktion (Wärme wird frei)
  $\Delta G > 0$ endergonische Reaktion (läuft nicht ab)
  $\Delta H > 0$ endotherme Reaktion (Wärme wird aufgenommen)

7.2 Berechnung von Reaktionsenthalpien

Der Energieerhaltungssatz ermöglicht die Berechnung sehr vieler Reaktionsenthalpien aus wenigen Daten. Benötigt wird für jeden Stoff eigentlich nur eine einzige Angabe, die so genannte **Bildungsenthalpie**. Was man darunter versteht, soll am Beispiel der Ammoniaksynthese gezeigt werden:

$$N_2(g) + 3\,H_2(g) \longrightarrow 2\,NH_3(g) \qquad \Delta H = -92{,}4\ kJ.$$

Diese Reaktionsenthalpie ΔH gilt für die Bildung von 2 mol Ammoniak aus den Elementen. Für $n(NH_3) = 1$ mol gilt dann $\Delta H = -46{,}2$ kJ. Tabelliert (siehe Anhang) sind die entsprechenden molaren Größen für die Synthese der Verbindungen aus den Elementen bei Standardbedingungen, also einem Druck von $p = 1\,013$ hPa und einer Temperatur von $T = 298\,K$ ($\vartheta = 25\,°C$). Sie werden als **molare Standardbildungsenthalpien** bezeichnet. Als Symbole dienen z. B. $\Delta H_B{}^0$ oder noch schwerfälliger $\Delta_B H^0{}_m$ bzw. $\Delta H_{f,\,m}$.* Für Ammoniak gilt: $\Delta H_B{}^0 = -46{,}2$ kJ · mol^{-1}. Stickstoff, der ja als Element vorliegt, hat $\Delta H_B{}^0 = 0$.
Wie man aus diesen Werten eine Reaktionsenthalpie berechnet, zeigt das folgende Beispiel:

$$CH_4(g) + 2\,O_2(g) \longrightarrow CO_2(g) + 2\,H_2O(g).$$

−74,9	0	−393,5	−241,8	$\Delta H_B{}^0$ in kJ · mol^{-1}

Zur Berechnung stellen wir uns die Reaktion in zwei Schritte zerlegt vor (siehe Abbildung 15):

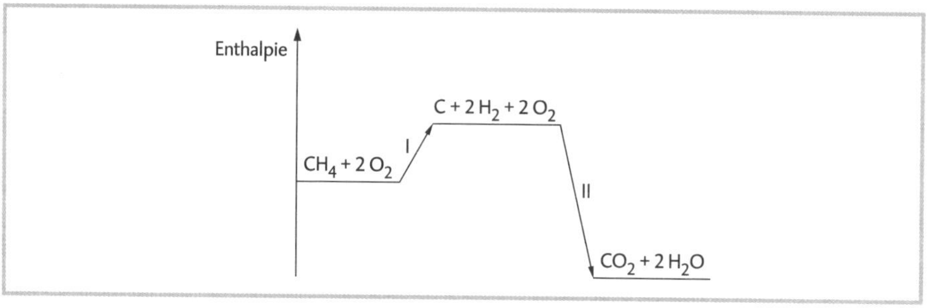

Abb. 15: Berechnung einer Reaktionsenthalpie aus den molaren Standardbildungsenthalpien durch Zerlegung der Reaktion in Teilschritte

* Bei den letztgenannten Abkürzungen kommt wenigstens zum Ausdruck, dass es sich um eine stoffmengenbezogene Größe handelt, deren Einheit 1 kJ · mol^{-1} ist.

Teilschritt I ist die Zerlegung der Ausgangsstoffe in die chemischen Elemente, Teilschritt II die Synthese der Endstoffe aus den Elementen. Die dazugehörenden Reaktionsenthalpien ΔH_1 und ΔH_2 ergeben sich direkt aus den molaren Standardbildungsenthalpien und werden für einen Formelumsatz berechnet. Bei Teilschritt I ist ein Vorzeichenwechsel vorzunehmen, weil es sich hier um die Spaltung der Verbindung in die Elemente handelt.

$$CH_4(g) + 2\,O_2(g) \longrightarrow C(s) + 2\,H_2(g) + 2\,O_2(g).$$
$$\Delta H_1 = -1\text{ mol} \cdot (-74{,}9\text{ kJ} \cdot \text{mol}^{-1})$$

$$C(s) + 2\,H_2(g) + 2\,O_2(g) \longrightarrow CO_2(g) + 2\,H_2O(g).$$
$$\Delta H_2 = 1\text{ mol} \cdot (-393{,}5\text{ kJ} \cdot \text{mol}^{-1}) + 2\text{ mol} \cdot (-241{,}8\text{ kJ} \cdot \text{mol}^{-1})$$

Die Reaktionsenthalpie für die Gesamtreaktion ist die Summe der beiden Reaktionsenthalpien ΔH_1 und ΔH_2:

$$\begin{aligned}\Delta H &= \Delta H_1 + \Delta H_2 \\ &= -1\text{ mol} \cdot (-74{,}9\text{ kJ} \cdot \text{mol}^{-1}) + [1\text{ mol} \cdot (-393{,}5\text{ kJ} \cdot \text{mol}^{-1}) \\ &\quad + 2\text{ mol} \cdot (-241{,}8\text{ kJ} \cdot \text{mol}^{-1})] \\ &= -802{,}2\text{ kJ}.\end{aligned}$$

Die Reaktionsenthalpie für die Verbrennung von 1 mol Methan beträgt also $\Delta H = -802{,}2$ kJ.
Wegen des Energieerhaltungssatzes spielt es keine Rolle, ob die Reaktion tatsächlich so oder über beliebige andere Zwischenprodukte verläuft.

In der Praxis geht man noch einfacher vor: Zuerst werden die molaren Standardbildungsenthalpien der Endstoffe mit den aus der Reaktionsgleichung ersichtlichen Stoffmengen multipliziert und diese Werte dann addiert. Danach zieht man die entsprechenden Werte der Ausgangsstoffe ab. Mathematisch formuliert, lautet diese Rechenvorschrift:

$$\Delta H = \sum_{i=1}^{k} n_i \cdot \Delta H_B{}^0\,(\text{Endstoff})_i - \sum_{i=1}^{k} n_i \cdot \Delta H_B{}^0\,(\text{Ausgangsstoff})_i\,.$$

Zu den Ergebnissen solcher Berechnungen sind noch Anmerkungen nötig:

1. Vielfach werden auch Reaktionsenthalpien in der Einheit $\text{kJ} \cdot \text{mol}^{-1}$ angegeben. Dabei handelt es sich dann um **molare Reaktionsenthalpien**. Sie müssen eigentlich das Symbol ΔH_m erhalten. Sie beziehen sich auf „1 mol Reaktionsabläufe“ entsprechend der Reaktionsgleichung, also hier auf 1 mol Methan und gleichzeitig auf 2 mol Wasser. Das Ergebnis lautet dann $\Delta H_m = -802{,}2\text{ kJ} \cdot \text{mol}^{-1}$.

2. Will man andeuten, dass die Stoffe vor und nach dieser Reaktion im Standardzustand vorliegen, kann für die Reaktionsenthalpie auch das Symbol ΔH^0 verwendet werden.

3. Reaktionsenthalpien sind grundsätzlich temperaturabhängige Größen. Das liegt daran, dass die Enthalpie jeder Stoffportion von der Temperatur abhängt. Das zeigt folgendes Beispiel (siehe Abbildung 16): Erwärmt man eine Wasserportion, so muss die zugeführte Wärme nach dem Energieerhaltungssatz zu einer entsprechenden Erhöhung der Enthalpie führen. Bemerkenswert sind die senkrecht verlaufenden Abschnitte der Kurve bei 0 °C und 100 °C. Dort erfolgt der Übergang von Eis zu flüssigem Wasser bzw. von flüssigem Wasser zu Wasserdampf. Die ganze zugeführte Wärme wird hier zur Änderung des Aggregatzustandes verbraucht. Für jeden Stoff, der sich ohne Zersetzung schmelzen beziehungsweise verdampfen lässt, erhält man eine ähnliche Kurve.

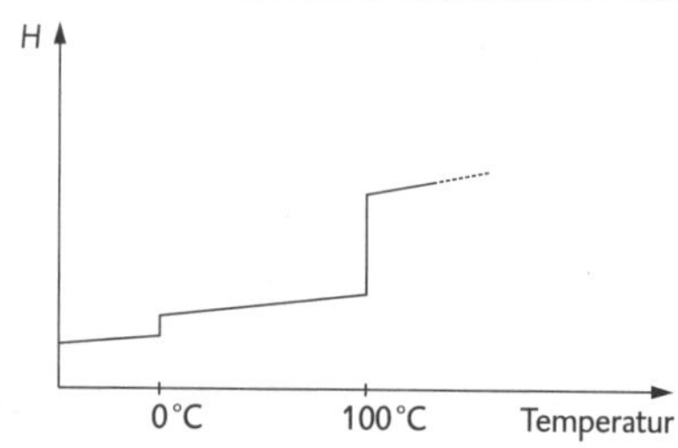

Abb. 16: Enthalpie einer Wasserportion in Abhängigkeit von der Temperatur. Die parallel zur Enthalpieachse verlaufenden Kurvenabschnitte bei 0 °C und 100 °C sind durch den Schmelz- bzw. Siedevorgang bedingt. Der Nullpunkt der Enthalpieskala wurde willkürlich festgelegt, da nur Enthalpieänderungen gemessen werden können.

Beispiel:

Berechnen Sie die Reaktionsenthalpie für die Thermit-Reaktion, bei der Eisen(III)-oxid mit Aluminium unter Bildung von Aluminiumoxid und Eisen reagiert!
Geben Sie das Ergebnis einmal für einen Formelumsatz und einmal für die Herstellung einer Eisenportion mit der Masse $m(\text{Fe}) = 100$ g an!

Lösung:

$$\text{Fe}_2\text{O}_3(\text{s}) + 2\,\text{Al}(\text{s}) \longrightarrow 2\,\text{Fe}(\text{s}) + \text{Al}_2\text{O}_3(\text{s}).$$

−822,2	0	0	−1 669,8	$\Delta H_B{}^0$ in $\text{kJ} \cdot \text{mol}^{-1}$

Für einen Formelumsatz gilt:

$$\Delta H = 1\ \text{mol} \cdot (-1\,669{,}8\ \text{kJ} \cdot \text{mol}^{-1}) - [1\ \text{mol} \cdot (-822{,}2\ \text{kJ} \cdot \text{mol}^{-1})] = -847{,}6\ \text{kJ}.$$

Unter diesen Bedingungen entstehen 2 mol Eisen. Soll die Reaktionsenthalpie für 100 g Eisen berechnet werden, so sind die entsprechenden Stoffmengen einzusetzen. Es gilt:

$$n(\text{Fe}) = \frac{m(\text{Fe})}{M(\text{Fe})} = \frac{100\ \text{g}}{55{,}9\ \text{g} \cdot \text{mol}^{-1}} \quad \text{und}$$

$$\Delta H = \frac{n(\text{Fe})}{2\ \text{mol}} \cdot (-847{,}6\ \text{kJ}) = -758{,}1\ \text{kJ}.$$

Die Reaktionsenthalpie für die Thermit-Reaktion mit Eisen(III)-oxid beträgt $\Delta H = -847{,}6$ kJ für einen Formelumsatz und $\Delta H = -758{,}1$ kJ, wenn 100 g Eisen gebildet werden.

Zusammenfassung

- Reaktionsenthalpien können mithilfe der molaren Standardbildungsenthalpien der an der Reaktion beteiligten Stoffe berechnet werden.
- Unter der **Standardbildungsenthalpie** einer Verbindung versteht man die Enthalpieänderung für den Fall, dass $n = 1$ mol dieser Verbindung bei $p = 1\,013$ hPa und $\vartheta = 25\ °\text{C}$ aus den Elementen hergestellt wird.

7.3 Reaktionsenthalpie und freie Reaktionsenthalpie

Wie schon besprochen, ermöglicht die Angabe der Reaktionsenthalpie nur eine Aussage über die bei der Reaktion mit der Umgebung ausgetauschte Wärme Q. Die **freie Reaktionsenthalpie** ΔG dagegen bestimmt, ob eine Reaktion in einem System, das Arbeits- und Wärmeaustausch mit der Umgebung zulässt, ablaufen kann oder nicht. ΔG ist durch die **Gibbs-Helmholtz-Gleichung** mit der Reaktionsenthalpie ΔH und der Reaktionsentropie ΔS verknüpft:

$$\Delta G = \Delta H - T \cdot \Delta S.$$

Ein einfaches Gedankenexperiment zeigt, warum ΔG den Reaktionsablauf bestimmt. Wir betrachten dazu das Reaktionsgefäß („System“) und seine Umgebung:

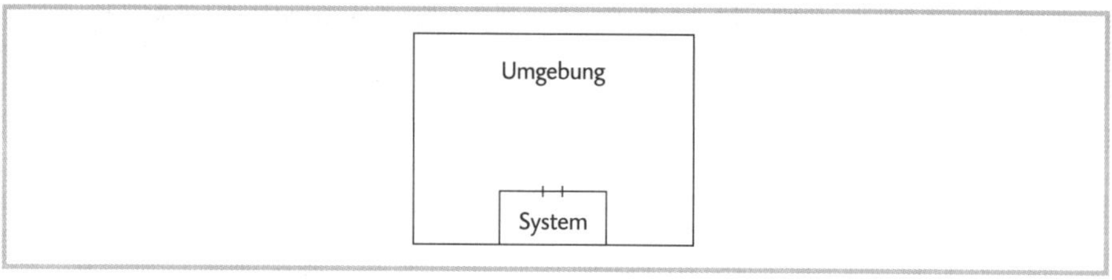

Abb. 17: „Gedankenexperiment“ zur Herleitung der Bedingung für den Ablauf einer Reaktion in einem geschlossenen System

Der 2. Hauptsatz besagt, dass eine Reaktion nur dann ablaufen kann, wenn die Gesamtentropie zunimmt. Zusätzlich muss bedacht werden, dass Wärmezufuhr stets zu einer Erhöhung der Entropie führt.
Da ΔH und ΔS sowohl positives als auch negatives Vorzeichen haben können, gibt es insgesamt vier Kombinationsmöglichkeiten, durch die entschieden wird, ob eine Reaktion im **geschlossenen System** abläuft:

$\Delta H < 0$ und $\Delta S > 0$ Diese Reaktion wird ablaufen, da im System die Entropie zunimmt. In der Umgebung steigt die Entropie zusätzlich, weil der exotherme Vorgang mit einer Abgabe von Wärme verbunden ist. Die Reaktion ist also exergonisch.

$\Delta H > 0$ und $\Delta S < 0$ Diese Reaktion wird nicht ablaufen, da sowohl im System als auch in der Umgebung Entropieabnahme erfolgt. Sie ist endergonisch.

Während in den beiden zuerst genannten Fällen kein Einfluss der Temperatur auf das Vorzeichen von ΔG festzustellen ist, bekommt diese in den beiden anderen Fällen eine Schlüsselrolle.

$\Delta H < 0$ und $\Delta S < 0$ Diese Reaktion wird nur ablaufen, wenn die durch die frei werdende Wärme in der Umgebung hervorgerufene Entropiezunahme größer als die Entropieabnahme im System ist. Wegen $\Delta G = \Delta H - T \cdot \Delta S$ gewinnt der Entropieterm bei hohen Temperaturen immer stärkeres Gewicht. Die Reaktion wird demnach bei hohen Temperaturen endergonisch, bei niedrigen Temperaturen exergonisch sein.

$\Delta H > 0$ und $\Delta S > 0$ Diese Reaktion wird nur ablaufen, wenn die Entropieabnahme der Umgebung kleiner als die Entropiezunahme im System ist. Dabei bewirken hohe Temperaturen, dass die Reaktion exergonisch wird, bei tiefen Temperaturen ist sie endergonisch.

Wegen der großen Bedeutung dieser Aussagen für die ganze Chemie liegt es nahe, nach einem Verfahren zur Berechnung von ΔG zu suchen. Die dazu noch benötigten **Reaktionsentropien** erhält man aus den **molaren Entropien** (Symbol: $S^0{}_m$ bei Standardbedingungen) der an der Reaktion beteiligten Stoffe. Diese Werte sind für einige Stoffe im Anhang dieses Buches aufgeführt. Im Gegensatz zur Enthalpie, bei der nur Änderungen messbar sind, können bei den Entropien Absolutwerte angegeben werden. Das folgende Beispiel zeigt, wie man die drei energetischen Größen ΔH, ΔS und ΔG aus den Standardwerten berechnen kann.

Beispiel:

Eine in der Technik wichtige Reaktion ist das Brennen von Kalk (Calciumcarbonat) nach der Reaktionsgleichung

$$CaCO_3 \longrightarrow CaO + CO_2.$$

a) Berechnen Sie die Reaktionsenthalpie, die Reaktionsentropie und die freie Reaktionsenthalpie für einen Formelumsatz! Es sollen Standardbedingungen gelten.
b) Schätzen Sie ab, ob diese Reaktion bei der Temperatur $\vartheta = 1\,000\ °C$ exergonisch oder endergonisch sein wird! Nehmen Sie dabei an, dass ΔH und ΔS nicht von der Temperatur abhangen.

Lösung:

a) $CaCO_3(s) \longrightarrow CaO(s) + CO_2(g)$.

$CaCO_3(s)$	$CaO(s)$	$CO_2(g)$	
−1 206,9	−635,1	−393,5	$\Delta H_B{}^0$ in $kJ \cdot mol^{-1}$
92,9	39,7	213,6	$S^0{}_m$ in $J \cdot K^{-1} \cdot mol^{-1}$

Die Berechnung der Reaktionsenthalpie ist im vorhergehenden Abschnitt bereits besprochen worden. Es ergibt sich $\Delta H = +178{,}3$ kJ.

Für die Reaktionsentropie gilt die analoge Rechenanweisung:

$$\Delta S = 1\ \text{mol} \cdot 213{,}6\ \text{J} \cdot \text{K}^{-1} \cdot \text{mol}^{-1} + 1\ \text{mol} \cdot 39{,}7\ \text{J} \cdot \text{K}^{-1} \cdot \text{mol}^{-1} - 1\ \text{mol} \cdot 92{,}9\ \text{J} \cdot \text{K}^{-1} \cdot \text{mol}^{-1} = 160{,}4\ \text{J} \cdot \text{K}^{-1}.$$

Wie zu erwarten war, nimmt die Entropie zu, da ein gasförmiger Stoff aus einem Feststoff entsteht, dessen Gitter eine hoch symmetrische und damit wenig wahrscheinliche Anordnung der Teilchen darstellt.
Die freie Reaktionsenthalpie ergibt sich nach der GIBBS-HELMHOLTZ-Gleichung für $T = 298$ K:*

$$\Delta G = \Delta H - T \cdot \Delta S = +178{,}3\ \text{kJ} - 298\ \text{K} \cdot 160{,}4\ \text{J} \cdot \text{K}^{-1} = 130{,}5\ \text{kJ}.$$

Die Reaktion ist endergonisch, läuft also nicht ab.

b) Für $T = 1\,273$ K ($\vartheta = 1\,000$ °C) gilt:

$$\Delta G = \Delta H - T \cdot \Delta S = +178{,}3\ \text{kJ} - 1\,273\ \text{K} \cdot 160{,}4\ \text{J} \cdot \text{K}^{-1} = -25{,}9\ \text{kJ}.$$

Unter diesen Bedingungen läuft die Reaktion ab, sie ist exergonisch.

An dieser Stelle ist es ratsam, sich Gedanken über die Bedingungen zu machen, für die die Aussagen gelten: Auch in diesem Fall berechnen wir die energetischen Größen aus den Standardwerten für die Ausgangs- und Endstoffe. Das bedeutet, dass $p = 1\,013$ hPa sowie $T = 298$ K herrschen. Vor allem aber müssen vor und nach der Reaktion Reinstoffe bzw. idealisierte wässrige Lösungen im Reaktionsgefäß vorhanden sein. Das Letztere ist in der Regel nur bei heterogenen Reaktionen wie zum Beispiel dem Kalkbrennen der Fall. Sind diese Bedingungen nicht erfüllt, handelt es sich um Näherungen.**
Außerdem besitzt das bis jetzt besprochene Gleichungssystem eine weitere bemerkenswerte Eigenschaft. Es macht keinerlei Aussage über die Reaktionsgeschwindigkeit. Es kann daher sein, dass eine exergonische Reaktion in der Praxis mit so geringer Geschwindigkeit abläuft, dass man nichts wahrnimmt. Diesen Zustand nennt man **metastabil**. In wirtschaftlich interessanten Fällen ist dann die Suche nach einem geeigneten Katalysator eine vielversprechende Möglichkeit. Beispiele dafür sind großtechnische Verfahren wie die Synthesen von Ammoniak und Methanol.

* Beachten Sie, dass ΔH in **Kilojoule**, ΔS in **Joule** · Kelvin^{-1} angegeben sind.

** Zur genauen Berechnung verwendet man am besten Computerprogramme. Als Käufer dieses Buches können Sie sich ein solches Programm über die Internet-Adresse http://www.stark-verlag.de/chemieprogramme/ kostenlos herunterladen. Änderungen vorbehalten.

Zusammenfassung

- Mithilfe der GIBBS-HELMHOLTZ-Gleichung kann vorhergesagt werden ob eine Reaktion unter Standardbedingungen in einem geschlossenen System bei konstantem Druck und konstanter Temperatur ablaufen wird.
- Die Berechnung der **Reaktionsentropie** ΔS aus den molaren Entropien der Ausgangs- und Endstoffe erfolgt analog der Berechnung der Reaktionsenthalpie.
- Die freie Reaktionsenthalpie können wir für den Fall berechnen, dass alle beteiligten Stoffe vor und nach der Reaktion als Reinstoffe vorhanden sind und T = 298 K sowie p = 1 013 hPa betragen. Unter allen anderen Bedingungen handelt es sich um Näherungen.
- Als **metastabil** bezeichnet man einen Zustand, bei dem eine exergonische Reaktion so langsam abläuft, dass praktisch keine Stoffumwandlung festzustellen ist.

7.4 Berechnung von Gleichgewichtskonstanten aus energetischen Daten

Im vorhergehenden Abschnitt wurde erwähnt, dass die Berechnung der freien Reaktionsenthalpie für den Fall erfolgt, dass alle an der Reaktion beteiligten Stoffe vor und nach der Reaktion in reinem Zustand vorliegen und Standardbedingungen gegeben sind. Genau genommen, erfüllen diese Bedingungen nur **heterogene Reaktionen**. Viele Reaktionen sind aber homogen, vor allem wenn Gase beteiligt sind. Technisch wichtig ist die Gewinnung von Synthesegas aus Methan und Wasserdampf, die nach folgender Reaktionsgleichung verläuft:

$$CH_4(g) + H_2O(g) \longrightarrow 3\,H_2(g) + CO(g).$$

$CH_4(g)$	$H_2O(g)$	$3\,H_2(g)$	$CO(g)$	
–74,9	–241,8	0	– 110,5	$\Delta H_B{}^0$ in $kJ \cdot mol^{-1}$
186,2	188,7	130,6	197,9	$S^0{}_m$ in $J \cdot K^{-1} \cdot mol^{-1}$

Daraus ergibt sich wie bereits besprochen und jeweils für einen Formelumsatz:

$$\Delta H = 206{,}2\ kJ,$$
$$\Delta S = 214{,}8\ J \cdot K^{-1}.$$

Für T = 298 K (25 °C): $\Delta G = 206{,}2\ kJ - 298\ K \cdot 214{,}8\ J \cdot K^{-1} = 142{,}2\ kJ$,

für T = 1 273 K (1 000 °C): $\Delta G = 206{,}2\ kJ - 1\,273\ K \cdot 214{,}8\ J \cdot K^{-1} = -67{,}2\ kJ$.

Technisch interessant ist der Vorgang ab etwa 1 000 °C. Berücksichtigt man, dass die Vermischung zweier Gasportionen stets mit einer Entropiezunahme verbunden ist, und trägt die freie Enthalpie *G* gegen den Stoffumsatz auf, so ergibt sich folgende Situation:

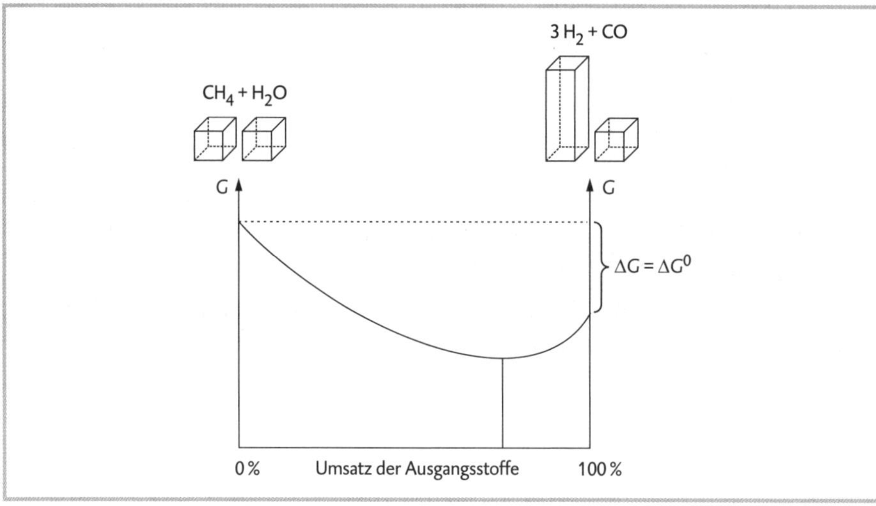

Abb. 18: Die berechneten ΔG-Werte gelten für den Fall, dass Ausgangs- und Endstoffe in den Standardzuständen vorliegen. Tatsächlich ändert sich die freie Enthalpie G entsprechend der eingezeichneten Kurve, wenn während des Reaktionsablaufs Gasgemische vorliegen.

Der für alle Reaktionen prinzipiell gleiche Verlauf der Kurve, die den Zusammenhang zwischen der freien Enthalpie *G* und dem augenblicklich gegebenen Reaktionsfortschritt angibt, hat zur Folge, dass sich Gleichgewichte einstellen. Sie liegen stets auf der Seite der Stoffe mit der kleineren freien Enthalpie.
Es ist sogar möglich, aus energetischen Daten die **Gleichgewichtskonstante** *K* zu berechnen. Da in diesem Schaubild (vgl. Abbildung 18) mehrere Größen vorkommen, ist es hier sinnvoll, die aus den Standardwerten berechnete freie Reaktionsenthalpie durch das Symbol ^{0} zu kennzeichnen. Auf die Herleitung der Beziehung zur Berechnung der Gleichgewichtskonstante müssen wir hier verzichten; sie lautet:

$$\Delta G^0_m = -R \cdot T \cdot \ln\{K\},$$

molare freie Reaktionsenthalpie ΔG^0_m,
universelle Gaskonstante $R = 8{,}315\ J \cdot K^{-1} \cdot mol^{-1}$,
Temperatur T in Kelvin,
Zahlenwert der Gleichgewichtskontante $\{K\}$.

Bei Gleichgewichten in Lösungen erhält man den Zahlenwert von K_c, bei Gasgleichgewichten K_p, wobei noch zu beachten ist, dass die Partialdrücke unter Verwendung der Einheit Bar eingesetzt werden müssen.

Beispiel:

a) Berechnen Sie die Gleichgewichtskonstante K_p für die Herstellung von Synthesegas aus Methan und Wasserdampf für die Temperatur $\vartheta_1 = 300\ °C$ und für die Temperatur $\vartheta_2 = 1\,000\ °C$.

b) Bei welcher Temperatur hat K_p den Wert 1 bar²?

Lösung:

a) Mit $\Delta H = 206{,}2$ kJ und $\Delta S = 214{,}8\ J \cdot K^{-1}$ für einen Formelumsatz nach der Reaktionsgleichung

$$CH_4(g) + H_2O(g) \longrightarrow 3\,H_2(g) + CO(g)$$

ergibt sich:

Für $\vartheta_1 = 300\ °C$ ($T_1 = 573$ K):

$$\Delta G = \Delta H - T \cdot \Delta S = 206{,}2\ kJ - 573\ K \cdot 0{,}2148\ kJ \cdot K^{-1} = 83{,}12\ kJ\,;$$

$$\ln\{K_p\} = \frac{-\Delta G^0{}_m}{R \cdot T} = \frac{-83{,}12\ kJ \cdot mol^{-1}}{8{,}315 \cdot 10^{-3}\ kJ \cdot K^{-1} \cdot mol^{-1} \cdot 573\ K} = -17{,}4\,;$$

$$K_p = \frac{p^3(H_2) \cdot p(CO)}{p(CH_4) \cdot p(H_2O)} = 2{,}65 \cdot 10^{-8}\ bar^2\,.$$

Für $\vartheta_2 = 1000\ °C$ ($T_2 = 1\,273$ K) erhält man:

$$\Delta G = \Delta H - T \cdot \Delta S = 206{,}2\ kJ - 1\,273\ K \cdot 0{,}2148\ kJ \cdot K^{-1} = -67{,}24\ kJ\,;$$

$$\ln\{K_p\} = \frac{-\Delta G^0{}_m}{R \cdot T} = \frac{-(-67{,}24\ kJ \cdot mol^{-1})}{8{,}315 \cdot 10^{-3}\ kJ \cdot K^{-1} \cdot mol^{-1} \cdot 1\,273\ K} = 6{,}35\,;$$

$$K_p = \frac{p^3(H_2) \cdot p(CO)}{p(CH_4) \cdot p(H_2O)} = 574\ bar^2\,.$$

Bei 300 °C beträgt die Gleichgewichtskonstante $K_p = 2{,}65 \cdot 10^{-8}\ bar^2$ und bei 1 000 °C beträgt sie $K_p = 574\ bar^2$.

b) Wenn $K_p = 1\ bar^2$, ist $\ln\{K_p\} = 0$, was nur möglich ist, wenn auch $\Delta G^0{}_m = 0$. Aus der GIBBS-HELMHOLTZ-Gleichung folgt dann:

$$0 = \Delta H - T \cdot \Delta S\,;$$

$$T = \frac{\Delta H}{\Delta S} = \frac{206{,}2\ kJ}{0{,}2148\ kJ \cdot K^{-1}} \approx 960\ K\,.$$

Die Gleichgewichtskonstante K_p hat bei $T \approx 960$ K den Wert 1 bar².

Zusammenfassung

- Aus der molaren freien Reaktionsenthalpie bei Standardbedingungen ergibt sich die Gleichgewichtskonstante der dazugehörenden Reaktion.
- Damit sind Gleichgewichtskonstanten beliebiger Reaktionen aus wenigen energetischen Daten erhältlich.

7.5 Energetik und Elektrochemie

Eine weitere wichtige Eigenschaft der freien Reaktionsenthalpie erkennen wir bei einem Rückblick auf die Elektrochemie. In Kapitel 6.1 haben wir die Gleichung zur Berechnung der elektrischen Arbeit kennen gelernt, die ein galvanisches Element liefern kann. Sie lautete

$$W_{el} = -U \cdot I \cdot t = -U \cdot Q \,,$$

Zellspannung U,
Stromstärke I,
Zeit t,
elektrische Ladung Q.

Betrachten wir dazu die Silber/Zink-Zelle und vergleichen die elektrische Arbeit mit den Größen ΔG, ΔH und ΔS für die ablaufende (heterogene) Zellreaktion bei $T = 298$ K und einem Formelumsatz:

$$2\,Ag^+(aq) + Zn(s) \longrightarrow 2\,Ag(s) + Zn^{2+}(aq).$$

$2\,Ag^+(aq)$	$Zn(s)$	$2\,Ag(s)$	$Zn^{2+}(aq)$	
105,9	0	0	−152,4	$\Delta H_B{}^0$ in $kJ \cdot mol^{-1}$
73,9	41,6	42,7	−106,5*	$S^0{}_m$ in $J \cdot K^{-1} \cdot mol^{-1}$

Daraus ergeben sich:

$$\Delta H = -364{,}2\ kJ, \quad \Delta S = -210{,}5\ J \cdot K^{-1}, \quad \Delta G = -301{,}5\ kJ.$$

Die Zellspannung berechnen wir aus den Angaben in der Tabelle der Normalpotenziale und die elektrische Ladung Q nach dem FARADAY'schen Gesetz:

$$W_{el} = -(0{,}80\ V - (-0{,}76\ V)) \cdot 2 \cdot 1\ mol \cdot 96\,500\ A \cdot s \cdot mol^{-1} = -301{,}1\ kJ.$$

Daraus ist ersichtlich, dass die maximale elektrische Arbeit so groß wie die freie Reaktionsenthalpie unter Standardbedingungen ist.

* Bei einzelnen Ionen sind sogar negative molare Entropien möglich.

Das Ergebnis zeigt auch, dass galvanische Elemente zumindest theoretisch einen sehr hohen Wirkungsgrad besitzen. Unter dem Wirkungsgrad η versteht man das Verhältnis aus verrichteter Arbeit und Reaktionsenthalpie ΔH. Er beträgt somit in diesem Fall:

$$\eta = \frac{W_{el}}{\Delta H} = \frac{-301,1\,\text{kJ}}{-364,2\,\text{kJ}} = 0,827 \approx 83\,\%\,.$$

7.6 Aufgaben

28 Berechnen Sie die Reaktionsenthalpie für die Synthese von 1 mol Stickstoffmonooxid durch Reaktion von Ammoniak mit Sauerstoff! Als Nebenprodukt entsteht Wasserdampf.

29 Bei den so genannten Brennwertkesseln in mit Erdgas betriebenen Heizungsanlagen wird eine Verbesserung der Energieausnutzung durch Abkühlung der Abgase erreicht. Das dabei kondensierende Verbrennungsprodukt Wasser gibt dabei zusätzlich Wärme ab.
Berechnen Sie die Reaktionsenthalpie für die Verbrennung einer Erdgasportion mit der Stoffmenge $n(CH_4) = 1$ mol für den Fall, dass flüssiges Wasser entsteht!
Vergleichen Sie mit dem in Kapitel 7.2 berechneten Wert für den Fall, dass das Verbrennungsprodukt Wasser gasförmig bleibt, und schätzen Sie ab, wie groß die zusätzlich gewonnene Wärme in % ist!

30 Zur Bestimmung der molaren Standardbildungsenthalpie von Glucose wurde 1,00 g Glucose in einem Kalorimeter mit reinem Sauerstoff verbrannt. Nach der Kondensation des Wasserdampfs wurde die an das Kalorimeter abgegebene Wärme zu $Q = -15,67$ kJ bestimmt.
Berechnen Sie die molare Standardbildungsenthalpie von Glucose!

31 Berechnen Sie die Gleichgewichtskonstante K_p für die Synthese von Ammoniak aus den Elementen bei $\vartheta = 500\,°C$ ($T = 773$ K)!

32 Bei der Herstellung von Roheisen im Hochofen spielt die direkte Reduktion eine Rolle. Dabei wird z. B. Eisen(II,III)-oxid Fe_3O_4 mit elementarem Kohlenstoff unter Bildung von Eisen und Kohlenstoffmonooxid reduziert.
Berechnen Sie die Temperatur, bei der dieser Vorgang exergonisch wird!

33 Warum kann man mithilfe eines Katalysators aus Wasserstoffperoxid, nicht aber aus Wasser im Labor reinen Sauerstoff gewinnen?

8 Optische Aktivität

Bei Verbindungen mit asymmetrisch gebauten Molekülen beobachten wir die Spiegelbildisomerie oder optische Isomerie. Ist im Molekül nur ein einziges Asymmetriezentrum vorhanden, so gibt es zwei Spiegelbildisomere (**Enantiomere**), die D-Form und die L-Form.* Beide Isomere drehen die Ebene des **polarisierten Lichtes**, das ist Licht, bei dem die Schwingung der elektrischen bzw. magnetischen Feldstärke in einer Ebene erfolgt. Der **Drehwinkel** α lässt sich mithilfe eines Polarimeters bestimmen. Die folgende Skizze zeigt schematisch den Aufbau dieses Messinstruments:

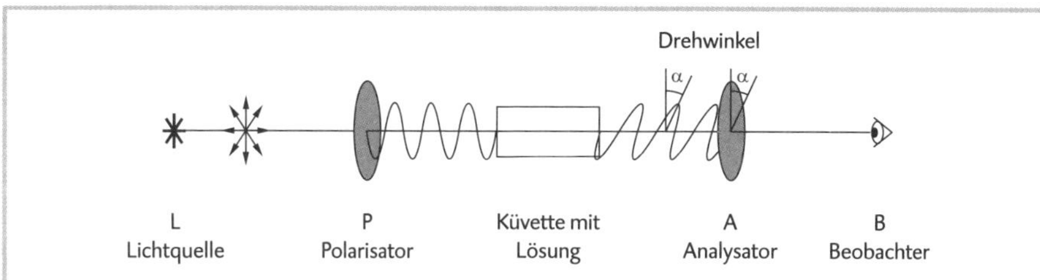

Abb. 19: Schematischer Aufbau eines Polarimeters

Das von der Lichtquelle L ausgesandte Licht wird durch den Polarisator P polarisiert, passiert dann die Küvette mit der Analysenlösung und gelangt zu einem zweiten, drehbar angeordneten Polarisationsfilter A (Analysator). Der Beobachter B blickt durch A, die Küvette und P auf die Lichtquelle. Polarimeter sind nach dem Halbschattenprinzip konstruiert. Der Beobachter bestimmt den Drehwinkel durch Drehen des Analysators, bis beide Hälften des Gesichtsfeldes gleich hell erscheinen.

Der Drehwinkel hängt von verschiedenen Faktoren ab:

- Von der Art der Substanz,
- von der Konzentration der Lösung,
- von der Länge der Küvette,
- von der Temperatur und schließlich auch
- von der Wellenlänge des verwendeten polarisierten Lichtes.

Die beiden letzten Punkte spielen bei Messungen in der Regel keine Rolle, da bei der Messung die Temperatur konstant bleibt und die Wellenlänge des Lichts vom Gerät abhängt. Meistens ist es das gelbe „Natriumlicht“.

* Die moderne Klassifizierung verwendet die Bezeichnungen R- und S-Form.

Die verbleibenden Größen bestimmen den Drehwinkel α. Es gilt:

$$\alpha = [\alpha] \cdot l \cdot \beta.$$

[α] ist die **spezifische Drehung**, eine Stoffkonstante. Sie ist meist für $\vartheta = 20\ °C$ und Natriumlicht (Wellenlänge $\lambda = 589{,}3$ nm) in Tabellenwerken oder Chemikalienkatalogen aufgeführt. Werte für einige wichtige Zucker sind:

Zucker	$[\alpha]$ in $\frac{\text{Grad}}{\text{dm} \cdot \text{g} \cdot \text{cm}^{-3}}$
Saccharose	+66,5
D-Glucose	+52,7
D-Fructose	−92,4

l ist die Länge der Küvette in dm und β die Massenkonzentration der Lösung in $\text{g} \cdot \text{cm}^{-3}$. Die spezifischen Drehungen der vom Beobachter aus gesehen die Ebene des polarisierten Lichts nach rechts drehenden Stoffe erhalten ein positives Vorzeichen, links drehende ein negatives Vorzeichen.

Beispiel:

Eine Saccharoselösung zeigt im Polarimeter einen Drehwinkel von $\alpha = +1{,}5\ °$, wenn die Länge der Küvette $l = 1{,}2$ dm beträgt.
Berechnen Sie die Massenkonzentration β und die Stoffmengenkonzentration c!

Lösung:

Auflösen der Polarimetergleichung nach β ergibt:

$$\beta = \frac{m}{V} = \frac{\alpha}{[\alpha] \cdot l} = \frac{1{,}5°}{66{,}5° \cdot \text{dm}^{-1} \cdot \text{g}^{-1} \cdot \text{cm}^{3} \cdot 1{,}2\ \text{dm}} = 0{,}0188\ \text{g} \cdot \text{cm}^{-3}$$
$$\approx 19\ \text{g} \cdot \text{L}^{-1};$$
$$c = \frac{n}{V} = \frac{m}{M \cdot V} = \frac{\beta}{M} = \frac{\beta}{342\ \text{g} \cdot \text{mol}^{-1}} = 5{,}5 \cdot 10^{-2}\ \text{mol} \cdot \text{L}^{-1}.$$

Die Massenkonzentration der Saccharoselösung beträgt $\beta = 19\ \text{g} \cdot \text{L}^{-1}$ und die Stoffmengenkonzentration $c = 5{,}5 \cdot 10^{-2}\ \text{mol} \cdot \text{L}^{-1}$.

9 Radioaktivität

9.1 Gesetze des radioaktiven Zerfalls

Die **Aktivität** A einer radioaktiven Substanz wird in der Einheit **Becquerel** (Symbol Bq) angegeben:

$$A = \frac{N}{t},$$

N Anzahl der Zerfallsschritte,
t Zeitdauer,
Einheit: $[A] = \frac{1}{s} = 1\ \text{Bq}$.

Bereits im Kapitel 3 ist das Geschwindigkeitsgesetz mitgeteilt worden, dem radioaktive Zerfallsvorgänge gehorchen. Wählt man die Teilchenanzahl als Messgröße für den Reaktionsfortschritt, so lautet diese Beziehung:

$$v = -\frac{N_2 - N_1}{t_2 - t_1} = -\frac{\Delta N}{\Delta t} = k \cdot N.$$

Dabei ist $N_2 - N_1$ die Anzahl der in der Zeitspanne $t_2 - t_1$ zerfallenden Teilchen, v ist die Zerfallsgeschwindigkeit und k ist die so genannte Geschwindigkeitskonstante, die hier als **Zerfallskonstante** bezeichnet wird.
Genau betrachtet ist v die durchschnittliche Zerfallsgeschwindigkeit in der Zeitspanne $t_2 - t_1$. Sie kann grafisch bestimmt werden, wenn man die Teilchenanzahl in einem Schaubild gegen die Zeit aufträgt.
Die Geschwindigkeit zur Zeit t ergibt sich aus dem Differenzialquotienten:

$$-\frac{dN}{dt} = k \cdot N.$$

Die Gleichung zeigt, dass die Zerfallsgeschwindigkeit zur Anzahl der vorhandenen radioaktiven Teilchen proportional ist. Ein solcher mathematischer Ausdruck wird als **Differenzialgleichung** bezeichnet. Sie kann durch Trennung der Variablen dN und dt und anschließende Integration gelöst werden:

$$-\frac{dN}{N} = k \cdot dt,$$

$$\int_{N_0}^{N_t} \frac{dN}{N} = -k \cdot \int_0^t dt,$$

$$-\ln\frac{N_t}{N_0} = \ln\frac{N_0}{N_t} = k \cdot t,$$

N_0 Anzahl der Teilchen zur Zeit t = 0,
N_t Anzahl der zur Zeit t vorhandenen Teilchen.

Die Zerfallskonstante k kann aus der Halbwertszeit $t_{1/2}$ berechnet werden. Für das Isotop ^{226}Ra beträgt sie 1 600 Jahre ($t_{1/2}$ = 1 600 a). Es gilt also

$$N_t = \frac{1}{2} \cdot N_0 \quad \text{und}$$

$$\ln 2 = k \cdot 1600 \text{ a},$$

$$k = \frac{\ln 2}{1600 \text{ a}} = 4{,}33 \cdot 10^{-4} \text{ a}^{-1}.$$

Beispiel 1:

Zu Bestimmung der Halbwertszeit des Isotops ^{90}Y wurde die frisch hergestellte Probe einer Yttriumverbindung am 3. 12. 1992 und 13 Uhr untersucht und die gleiche Probe erneut am 17. 12. 1992 um 14.15 Uhr. Beim ersten Experiment wurde eine Aktivität von $1{,}63 \cdot 10^4$ Bq und beim zweiten Experiment eine Aktivität von $4{,}33 \cdot 10^2$ Bq gemessen.
Berechnen Sie die Halbwertszeit von ^{90}Y!

Lösung:

Aus den Zeitangaben geht hervor, dass zwischen den beiden Experimenten 14 Tage, 1 Stunde und 15 Minuten, also t = 20 235 Minuten vergangen sind.
Da die Aktivität der Anzahl der in der Probe vorhandenen Atome des radioaktiven Isotops proportional ist, gilt

$$\frac{N_0}{N_t} = \frac{1{,}63 \cdot 10^4}{4{,}33 \cdot 10^2}.$$

Die Zerfallskonstante k erhält man aus der Zerfallsgleichung, es gilt:

$$\ln \frac{N_0}{N_t} = k \cdot t.$$

Aufgelöst nach k ergibt sich daraus

$$k = \ln \frac{N_0}{N_t} \cdot t^{-1} = \ln\left(\frac{1{,}63 \cdot 10^4}{4{,}33 \cdot 10^2}\right) \cdot (20\,235 \text{ min})^{-1} = 1{,}79 \cdot 10^{-4} \text{ min}^{-1}.$$

Der Zusammenhang zwischen $t_{1/2}$ und der Zerfallskonstante wurde oben hergeleitet:

$$\ln 2 = k \cdot t_{1/2}.$$

Daraus ergibt sich:

$$t_{½} = \frac{\ln 2}{k} = 3{,}86 \cdot 10^3 \text{ min} = 2{,}68 \text{ d}.$$

Die Halbwertszeit des Isotops ^{90}Y beträgt 2,68 Tage.

Beispiel 2:

Eine außerordentlich wichtige Methode zur Altersbestimmung ist die **Radiocarbonmethode**. Sie beruht darauf, dass in der Atmosphäre durch die Weltraumstrahlung ^{14}C-Atome gebildet werden, die eine Halbwertszeit von 5 730 a besitzen (β-Strahler) und in den tierischen und pflanzlichen Stoffwechsel eingeschleust werden, sodass dort auf 10^{12} Kohlenstoffatome ein ^{14}C-Atom kommt.
Holz aus dem Grab des Pharao Sneferu zeigte in einer Sekunde 8,5 ± 0,2 Zerfallsvorgänge von ^{14}C-Atomen, umgerechnet auf eine Kohlenstoffportion mit der Masse 1 g. Der entsprechende Wert für frisch geerntete Pflanzen beträgt 16,1 ± 0,1 Zerfallsvorgänge pro Sekunde.
Wie alt ist das Holz aus dem Pharaonengrab?

Lösung:

Zunächst wird die Zerfallskonstante *k* aus der Halbwertszeit berechnet.

$$\ln 2 = k \cdot t_{½} = k \cdot 5\,730 \text{ a},$$
$$k = 1{,}21 \cdot 10^{-4} \text{ a}^{-1}.$$

Da die Anzahl der Zerfallsvorgänge der Anzahl der vorhandenen Atome des radioaktiven Stoffs proportional ist und die Masse der Vergleichssubstanz sowie die Beobachtungsdauer dem Experiment mit der Analysensubstanz entsprachen, gilt:

$$\ln \frac{N_0}{N_t} = \ln\left(\frac{16{,}1}{8{,}5}\right) = k \cdot t.$$

Daraus folgt:

$$t = \ln\left(\frac{16{,}1}{8{,}5}\right) \cdot k^{-1} = 5{,}3 \cdot 10^3 \text{ a}.$$

Das Alter dieses Grabgegenstandes beträgt also 5 300 Jahre
(5 280 a ± 240 a).

Zusammenfassung

- Unter der **Aktivität** radioaktiver Stoffe versteht man den Quotienten aus der Anzahl der Zerfallsvorgänge und der Zeit, in der sie stattfinden.
  Die SI-Einheit der Aktivität ist das **Becquerel**: 1 Bq = 1 s^{-1}.
- Aus dem Geschwindigkeitsgesetz für den radioaktiven Zerfall erhält man durch Trennung der Variablen und Integration das **Zerfallsgesetz**.

9.2 Energie bei radioaktiven Zerfallsvorgängen

Die technische Durchführung **kernchemischer Prozesse** ist vor allem wegen der dabei umgesetzten großen Energien von erheblichem Interesse, aber wegen der damit verbundenen Risiken umstritten. Die freigesetzten Energien können wir berechnen, wenn wir über präzise Messmethoden für die Massen der reagierenden und entstandenen Teilchen verfügen. Grundlage dieser Berechnungen ist die **EINSTEIN'sche Relativitätstheorie**, nach der ein Zusammenhang zwischen der Masse eines Körpers und seiner Energie besteht. Mathematisch formuliert, wird dieser Zusammenhang in der berühmten **EINSTEIN'schen Formel** beschrieben:

$$E = m \cdot c^2,$$

E Energie,
m Masse,
c Lichtgeschwindigkeit ($c = 2{,}99792458 \cdot 10^8\ \mathrm{m \cdot s^{-1}}$).

Danach ist eine Energieänderung immer mit einer Veränderung der Masse verbunden und umgekehrt. Wie stark diese Effekte sind, zeigt die Berechnung der Energie, die einer Masse von m = 1 g äquivalent ist:

$$E = 1 \cdot 10^{-3}\ \mathrm{kg} \cdot (3 \cdot 10^8\ \mathrm{m \cdot s^{-1}})^2 = 9 \cdot 10^{13}\ \mathrm{kg \cdot m^2 \cdot s^{-2}} = 9 \cdot 10^{13}\ \mathrm{J}.$$

Das entspricht der bei der Verbrennung von 2,5 Millionen Liter Heizöl frei werdenden Wärme!

Mithilfe der EINSTEIN'schen Gleichung können wir auch die Energie berechnen, die bei der Spaltung des Uranisotops ^{235}U frei wird, das bekanntlich in den heutigen Kernreaktoren als Brennstoff eingesetzt wird. Wir brauchen dazu neben einer Gleichung für den Zerfallsvorgang noch die möglichst genauen molaren Massen der Ausgangs- und Endstoffe:

$$^{235}_{92}\mathrm{U} + \mathrm{n} \longrightarrow {}^{142}_{56}\mathrm{Ba} + {}^{92}_{36}\mathrm{Kr} + 2\,\mathrm{n}.$$

	$^{235}_{92}U$	n	$^{142}_{56}Ba$	$^{92}_{36}Kr$	2 n
M in g · mol^{-1}	235,04	1,0087	141,92	91,92	1,0087

Der „**Massenverlust**“ (**Massendefekt**) Δm beträgt demnach für einen Formelumsatz, also für eine Uranportion mit der Stoffmenge $n(\mathrm{U}) = 1$ mol:

$$\begin{aligned}\Delta m &= 1\ \mathrm{mol} \cdot 141{,}92\ \mathrm{g \cdot mol^{-1}} + 1\ \mathrm{mol} \cdot 91{,}92\ \mathrm{g \cdot mol^{-1}} + 2\ \mathrm{mol} \cdot 1{,}0087\ \mathrm{g \cdot mol^{-1}} \\ &\quad - (1\ \mathrm{mol} \cdot 235{,}04\ \mathrm{g \cdot mol^{-1}} + 1\ \mathrm{mol} \cdot 1{,}0087\ \mathrm{g \cdot mol^{-1}}) \\ &= -0{,}191\ \mathrm{g}.\end{aligned}$$

Das entspricht einer frei werdenden Energie von:

$$E = m \cdot c^2 = -1{,}91 \cdot 10^{-4}\ \mathrm{kg} \cdot (3 \cdot 10^8\ \mathrm{m \cdot s^{-1}})^2 = -1{,}7 \cdot 10^{13}\ \mathrm{J}.$$

Bei der Kernspaltung von 1 mol $^{235}\mathrm{U}$ werden $1{,}7 \cdot 10^{10}$ kJ frei. Diese Berechnung gilt für die Entstehung der Spaltprodukte $^{142}\mathrm{Ba}$ und $^{92}\mathrm{Kr}$. Für andere Spaltprodukte erhält man ähnliche Ergebnisse. Bekanntlich entsteht ein ganzes „Spektrum“ von Kernen mit mittleren Atommassen.
(Auch in diesem Fall ist die äquivalente Heizölmenge enorm. 1 mol Uran kann etwa 500 000 Liter Heizöl ersetzen.)

An dieser Stelle stellt sich die Frage nach der Stabilität von Atomkernen. Eine die Stabilität von chemischen Verbindungen beeinflussende Größe ist die **Bindungsenergie**. Man versteht darunter die Energie, die zur Spaltung der Atombindungen zwischen $6 \cdot 10^{23}$ Atompaaren erforderlich ist. Im Falle der als besonders stabil geltenden N_2-Moleküle sind das 942 kJ. Die Synthese von 1 mol Stickstoffmolekülen aus einzelnen Stickstoffatomen setzt demnach eine Energie von 942 kJ frei. Für die Bildung von 1 mol Stickstoffatomkernen des Isotops $^{14}\mathrm{N}$ aus 7 Protonen und 7 Neutronen sieht diese Rechnung ganz anders aus:

	7 p	+ 7 n	⟶ $^{14}_{7}\mathrm{N}$.
m in u	1,00728	1,00867	13,999

Damit ergibt sich der Massendefekt, angegeben unter Verwendung der atomaren Masseneinheit u für ein Stickstoffatom:

$$\Delta m(1\ \mathrm{N}) = 13{,}999\ \mathrm{u} - (7 \cdot 1{,}00728\ \mathrm{u} + 7 \cdot 1{,}00867\ \mathrm{u}) = -0{,}113\ \mathrm{u}.$$

Für $n(\mathrm{N}) = 1$ mol erhält man dann $\Delta m = -0{,}113$ g und die bei der Bildung von 1 mol Stickstoffatomen frei werdende Energie beträgt:

$$E = \Delta m \cdot c^2 = -1{,}13 \cdot 10^{-4}\ \mathrm{kg} \cdot (3 \cdot 10^8\ \mathrm{m \cdot s^{-1}})^2 = -1{,}02 \cdot 10^{13}\ \mathrm{J}.$$

Bei der Bildung von 1 mol Stickstoffatomkernen aus den Nukleonen wird die unglaublich große Energie von $1{,}02 \cdot 10^{10}$ kJ frei. Zur Spaltung der Atomkerne in Nukleonen wird diese Energie wieder benötigt. Man bezeichnet sie als Kernbindungsenergie.

Beispiel:

Die bei der Synthese von Atomkernen aus den Kernbausteinen frei werdenden extrem hohen Energien haben die Suche nach einer technischen Durchführung solcher Prozesse beflügelt. Das große Vorbild ist die Sonne, in der aus Wasserstoff Helium wird.
Berechnen Sie die bei der Synthese von 1 mol ^{4}He-Kernen aus 2 mol ^{1}H-Atomen und 2 mol Neutronen nach der folgenden kernchemischen Gleichung frei werdende Energie!

	$2\,^1H$	$+ \; 2\,n \longrightarrow$	^4_2He .
M in $g \cdot mol^{-1}$	1,0078	1,00867	4,0026

Lösung:

Massenverlust:

$$\begin{aligned}\Delta m &= 1\,mol \cdot 4{,}0026\,g \cdot mol^{-1} - (2\,mol \cdot 1{,}0078\,g \cdot mol^{-1} + 2\,mol \cdot 1{,}0087\,g \cdot mol^{-1}) \\ &= -0{,}0303\,g\,.\end{aligned}$$

Frei werdende Energie:

$$E = \Delta m \cdot c^2 = -3{,}03 \cdot 10^{-5}\,kg \cdot (3 \cdot 10^8\,m \cdot s^{-1})^2 = -2{,}7 \cdot 10^{12}\,J\,.$$

Bei der Synthese von 1 mol Helium aus Wasserstoff und Neutronen werden $2{,}7 \cdot 10^9$ kJ frei.

Zusammenfassung

Bei radioaktiven Prozessen kommt es zu extrem hohen Energieänderungen. Sie können aus dem Massendefekt Δm mithilfe der Gleichung

$$E = \Delta m \cdot c^2$$

berechnet werden.

10 Die Genauigkeit von Rechenergebnissen

Wie in der Physik hat man es auch in der Chemie mit Messergebnissen zu tun. Diese besitzen im Gegensatz zu den Ergebnissen mathematischer Berechnungen eine durch das Messverfahren vorgegebene Genauigkeit. Wiegt man zum Beispiel eine Portion Schwefel mit der Analysenwaage ab, so kommt es sehr darauf an, wie genau diese Waage ist. Zeigt die auf 1 mg genaue Waage das Ergebnis 1,000 g und soll die Stoffmenge der Schwefelportion angegeben werden, so gilt:

$$n(\text{Schwefel}) = \frac{1{,}000\ \text{g}}{32{,}06\ \text{g}\cdot\text{mol}^{-1}} = 0{,}03119\ \text{mol} = 3{,}119\cdot 10^{-2}\ \text{mol}\,.$$

Diese Angabe ist korrekt, weil es sich sowohl bei der Masse als auch bei der molaren Masse um Werte handelt, die auf vier Stellen genau sind. Man spricht von vier „signifikanten" Stellen. Die Anzahl der signifikanten Stellen muss dem Leser mitgeteilt werden. Dafür eignet sich am besten die so genannte wissenschaftliche Schreibweise von Zahlen. Dabei wird immer ein Produkt aus einem Dezimalbruch und einer Zehnerpotenz angegeben. Die erste Ziffer dieses Dezimalbruchs muss von null verschieden sein und die Anzahl der Ziffern ist so groß wie die Zahl signifikanter Stellen. Die Anzahl der signifikanten Stellen beträgt bei der Schreibweise $3{,}119 \cdot 10^{-2}$ mol also vier. Die Angabe 0,03119 mol verschleiert diesen Sachverhalt.

Hätte man dieselbe Wägung mit einer auf 10 mg genauen Waage durchgeführt, müsste man das Ergebnis anders formulieren:

$$n(\text{Schwefel}) = \frac{1{,}00\ \text{g}}{32{,}06\ \text{g}\cdot\text{mol}^{-1}} = 0{,}0312\ \text{mol} = 3{,}12\cdot 10^{-2}\ \text{mol}\,.$$

Da die Masse nur drei signifikante Stellen besitzt, ist auch das Ergebnis nur auf drei Stellen genau. Daran ändert nichts, dass die molare Masse des Schwefels auf vier Stellen genau angegeben wird. Um diese Aussage nachzuprüfen, kann man die mögliche Ober- und Untergrenze des Ergebnisses berechnen:

Die Waage wird 1,00 g anzeigen, wenn die Masse zwischen $0{,}995\ \text{g} < m < 1{,}004\ \text{g}$ liegt, und die molare Masse liegt zwischen $32{,}055\ \text{g}\cdot\text{mol}^{-1} < M < 32{,}064\ \text{g}\cdot\text{mol}^{-1}$. Die ungünstigste Kombination wäre, wenn die Masse an der oberen Grenze und die molare Masse gleichzeitig an der unteren Grenze liegen würde und umgekehrt. Für die maximale Abweichung nach oben ergibt sich:

$$n(\text{Schwefel}) = \frac{1{,}005\ \text{g}}{32{,}055\ \text{g}\cdot\text{mol}^{-1}} = 3{,}135\cdot 10^{-2}\ \text{mol}\,.$$

und für die maximale Abweichung nach unten:

$$n(\text{Schwefel}) = \frac{0{,}995\ \text{g}}{32{,}064\ \text{g} \cdot \text{mol}^{-1}} = 3{,}103 \cdot 10^{-2}\ \text{mol}$$

Der auf drei signifikante Stellen angegebene Wert liegt nahezu genau zwischen der maximalen Abweichung nach oben und der maximalen Abweichung nach unten. Die daraus zu ziehende Schlussfolgerung ist, dass das Rechenergebnis nie mehr signifikante Stellen aufweisen darf als die Größe mit der kleinsten vorkommenden Anzahl signifikanter Stellen.

Von dieser Regel gibt es eine bemerkenswerte Ausnahme:
Wurde zum Beispiel eine Reaktionsenthalpie für die Synthese von 1 mol Ammoniak aus den Elementen angegeben und soll die Reaktionsenthalpie für die doppelte Stoffmenge berechnet werden, so gilt:

$$\Delta H = -2 \cdot 46{,}2\ \text{kJ} = -92{,}4\ \text{kJ}$$

Hier hat das Ergebnis genau die gleiche Anzahl signifikanter Stellen wie der Faktor mit der höchsten Zahl signifikanter Stellen. Beim Faktor 2 handelt es sich nämlich nicht um einen Messwert, sondern um eine Zahl, deren Wert 2,00000… beträgt.

Einen besonders wichtigen Fall stellen noch die **Zwischenergebnisse** dar. Bei Berechnungen in der Chemie werden oft mehrere mathematische Beziehungen benötigt. Im Normalfall wird man alle Gleichungen zu einer Gleichung zusammenfassen und erst am Schluss die Zahlenwerte einsetzen. Das hat zwei erhebliche Nachteile. Erstens können mathematische Ausdrücke von gewaltiger Größe entstehen. Zweitens hat man keine Kontrolle, ob bereits ein Fehler unterlaufen ist. Daher geben wir in diesem Buch in der Regel auch Zwischenergebnisse an. Beim Nachrechnen wird man in diesem Fall die Zwischenergebnisse nicht runden, sondern statt dessen am Schluss überprüfen, ob die Anzahl der signifikanten Stellen noch stimmt.

Zusammenfassung

- Bei Berechnungen prüft man stets, ob die Anzahl der **signifikanten Stellen** richtig ist. Die Größe mit der kleinsten Zahl signifikanter Stellen bestimmt, wie viel signifikante Stellen das Endergebnis hat.
- Am besten geeignet ist die **wissenschaftliche Notation** von Zahlenwerten. Sie besitzt das Format $x.yyy \cdot 10^z$. Dabei ist $x \neq 0$ und die Anzahl der Ziffern x und y entspricht der Zahl signifikanter Stellen.
- Eine Ausnahme bilden Zahlen, bei denen es sich um **keine Messwerte** handelt. Sie sind immer als Werte mit beliebig hoher Genauigkeit anzusehen.

Lösungen

1 Alle Umrechnungen erfolgen mithilfe der Größengleichungen:

$$N = n \cdot 6{,}02 \cdot 10^{23}\,\text{mol}^{-1}; \qquad M = \frac{m}{n}; \qquad \rho = \frac{m}{V}; \qquad V_m = \frac{V}{n}.$$

Es ergeben sich folgende Werte:

	m [g]	*V* [L]	*n* [mol]	*N*	*M* [g · mol⁻¹]
a)	17	5,28	0,240	$1{,}4 \cdot 10^{23}$	70,9
b)	998	1	55,4	$3{,}3 \cdot 10^{25}$	18,02
c)	30,33	0,014	0,3	$1{,}8 \cdot 10^{23}$	101,11
d)	$6{,}64 \cdot 10^{-18}$	$3{,}72 \cdot 10^{-17}$	$1{,}66 \cdot 10^{-18}$	$1 \cdot 10^{6}$	4,00

2 Die Gleichung $\rho = m/V$ gilt auch für die entsprechenden molaren Größen M und V_m:

$$\rho = \frac{m}{V} = \frac{M}{V_m},$$

daraus ergibt sich

$$M = V_m \cdot \rho = 22{,}4\,\text{L} \cdot \text{mol}^{-1} \cdot 1{,}253\,\text{g} \cdot \text{L}^{-1} = 28{,}1\,\text{g} \cdot \text{mol}^{-1}.$$

Da bei der Verbrennung nur Kohlenstoffdioxid und Wasser entstehen, handelt es sich um Ethen (Summenformel C_2H_4, molare Masse 28 g · mol^{-1}). Die molare Masse der gesuchten Verbindung beträgt $M = 28{,}1$ g · mol^{-1} und die Summenformel lautet C_2H_4.

3 Aus der Reaktionsgleichung

$$Fe + S \longrightarrow FeS,$$

folgt für die Stoffmengen der reagierenden Stoffportionen:

$n(Fe) = n(S)$.

Unter Berücksichtigung der Gleichung $n = m/M$ und mit den molaren Massen ergibt sich $M(\text{Fe}) = 55{,}85\ \text{g} \cdot \text{mol}^{-1}$ sowie $M(\text{S}) = 32{,}06\ \text{g} \cdot \text{mol}^{-1}$

$$\frac{n(\text{Fe})}{n(\text{S})} = \frac{m(\text{Fe}) \cdot M(\text{S})}{m(\text{S}) \cdot M(\text{Fe})} = 1.$$

Daraus folgt:

$$\frac{m(\text{Fe})}{m(\text{S})} = \frac{M(\text{Fe})}{M(\text{S})} \qquad \text{(Gleichung 1)}.$$

Außerdem gilt:

$$m(\text{Fe}) + m(\text{S}) = 10\ \text{g} \qquad \text{(Gleichung 2)}.$$

Löst man Gleichung 2 nach $m(\text{S})$ auf und setzt in Gleichung 1, so ergibt sich:

$$\frac{m(\text{Fe})}{10\ \text{g} - m(\text{Fe})} = \frac{55{,}85\ \text{g} \cdot \text{mol}^{-1}}{32{,}06\ \text{g} \cdot \text{mol}^{-1}} \quad \text{und} \quad m(\text{Fe}) = 6{,}35\ \text{g}.$$

Aus Gleichung 2 ergibt sich: $m(\text{S}) = 3{,}65$ g.
Da $n(\text{Fe}) = n(\text{FeS}) = m(\text{Fe})/M(\text{Fe})$, beträgt die Stoffmenge der entstehenden Eisensulfidportion $n(\text{FeS}) = 0{,}114$ mol.

Zur Herstellung von 10 g Eisensulfid (Verhältnisformel FeS) werden 6,35 g Eisen und 3,65 g Schwefel benötigt. Die Stoffmenge der entstehenden Eisensulfidportion beträgt $n(\text{FeS}) = 0{,}114$ mol.

4 Reaktionsgleichung:

$$2\ C_2H_5OH + 2\ Na \longrightarrow 2\ C_2H_5O^-Na^+ + H_2.$$

Daraus folgt für die Stoffmengen:

$$n(\text{Na}) = 2 \cdot n(\text{H}_2).$$

Da $n(\text{Na}) = m(\text{Na})/M(\text{Na})$ und $n(\text{H}_2) = V(\text{H}_2)/V_\text{m}(\text{H}_2)$, gilt:

$$\frac{m(\text{Na})}{M(\text{Na})} = 2 \cdot \frac{V(\text{H}_2)}{V_\text{m}(\text{H}_2)} \quad \text{und}$$

$$V(\text{H}_2) = \frac{m(\text{Na}) \cdot V_\text{m}(\text{H}_2)}{M(\text{Na}) \cdot 2} = \frac{0{,}1\ \text{g} \cdot 22{,}41\ \text{L} \cdot \text{mol}^{-1}}{2 \cdot 22{,}99\ \text{g} \cdot \text{mol}^{-1}} = 0{,}049\ \text{L}.$$

Die bei der Reaktion von 0,1 g Natrium mit Ethanol entstehende Wasserstoffportion besitzt bei Normbedingungen das Volumen $V(\text{H}_2) = 0{,}049$ L.

5 Reaktionsgleichung:

$$CuSO_4 \cdot x\,H_2O \longrightarrow CuSO_4 + x\,H_2O.$$

Stoffmengen:

$$x \cdot n(CuSO_4) = n(H_2O).$$

Da $n = m/M$, ergibt sich

$$x \cdot \frac{m(CuSO_4)}{M(CuSO_4)} = \frac{m(H_2O)}{M(H_2O)}.$$

Daraus folgt mit $m(CuSO_4) = 3{,}196$ g, $m(H_2O) = 5$ g – 3,196 g = 1,804 g sowie $M(CuSO_4) = 159{,}61\ g \cdot mol^{-1}$ und $M(H_2O) = 18{,}02\ g \cdot mol^{-1}$:

$$x = \frac{m(H_2O) \cdot M(CuSO_4)}{M(H_2O) \cdot m(CuSO_4)} = \frac{1{,}804\ g \cdot 159{,}61\ g \cdot mol^{-1}}{18{,}02\ g \cdot mol^{-1} \cdot 3{,}196\ g} = 4{,}999 \approx 5.$$

Die Formel des kristallwasserhaltigen Kupfersulfats lautet $CuSO_4 \cdot 5\ H_2O$.

6 Berechnung der molaren Masse der Verbindung aus den Versuchsdaten: Aus $p \cdot V = n \cdot R \cdot T$ und $n = m/M$ folgt unter Berücksichtigung, dass $1\ cm^3 = 10^{-6}\ m^3$ sind:

$$M(X) = \frac{m \cdot R \cdot T}{p \cdot V_D} = \frac{0{,}158\ g \cdot 8{,}315\ Pa \cdot m^3 \cdot K^{-1} \cdot mol^{-1} \cdot 293\ K}{100\,000\ Pa \cdot 83{,}4 \cdot 10^{-6}\ m^3} = 46{,}16\ g \cdot mol^{-1}.$$

Die untersuchte Substanz hat die molare Masse $M(X) = 46{,}16\ g \cdot mol^{-1}$.

Berechnung der Stoffmenge der verbrannten organischen Substanz: Sie erfolgt nach der Gleichung $n(X) = m(X)/M(X)$ unter Berücksichtigung des Zusammenhangs zwischen Masse, Dichte und Volumen $\rho = m/V$:

$$n(X) = \frac{m(X)}{M(X)} = \frac{\rho \cdot V(X)}{M(X)} = \frac{0{,}789\ g \cdot cm^{-3} \cdot 0{,}6\ cm^3}{46{,}16\ g \cdot mol^{-1}} = 0{,}0103\ mol.$$

Zuletzt müssen die Stoffmengen der bei der Verbrennung entstehenden Produkte Wasser und Kohlenstoffdioxid berechnet werden:

Mit den molaren Massen $M(H_2O) = 18{,}02\ g \cdot mol^{-1}$ und $M(CO_2) = 44{,}01\ g \cdot mol^{-1}$ ergeben sich

$$n(H_2O) = \frac{0{,}559\ g}{18{,}02\ g \cdot mol^{-1}} = 0{,}031\ mol \quad \text{und} \quad n(H) = 2 \cdot n(H_2O) = 0{,}062\ mol,$$

$$n(CO_2) = \frac{0{,}908\ g}{44{,}01\ g \cdot mol^{-1}} = 0{,}021\ mol \quad \text{und} \quad n(C) = 0{,}021\ mol.$$

Die bis jetzt bekannten Stoffmengen betragen
$n(X) = 0{,}0103$ mol; $n(H) = 0{,}062$ mol und $n(C) = 0{,}021$ mol.
Zur Berechnung einer Verhältnisformel werden alle Stoffmengen durch die kleinste vorkommende Stoffmenge dividiert. Der kleinste Wert muss die Stoffmenge der untersuchten Stoffportion, also immer $n(X)$ sein, da kein Molekül weniger als 1 Atom enthalten kann und wir grundsätzlich bei den Formelindizes ganze Zahlen verwenden: $n(X) = 1$ mol; $n(H) = 6$ mol und $n(C) = 2$ mol.
Für die Verhältnisformel ergibt sich: $C_2H_6O_y$
Da ein Kohlenwasserstoff mit der Formel C_2H_6 nur die molare Masse $M(C_2H_6) \approx 30\ g \cdot mol^{-1}$ hätte, die molare Masse $M(X)$ der untersuchten Verbindung aber $46{,}16\ g\ mol^{-1}$ beträgt, muss jedes Molekül 1 Sauerstoffatom enthalten. Dann gilt:

$$M(C_2H_6) + M(O) = 30\ g \cdot mol^{-1} + 16\ g \cdot mol^{-1} = 46\ g \cdot mol^{-1}.$$

Die organische Verbindung hat die Verhältnisformel C_2H_6O.

Hinweis: Es könnte sich also um Ethanol oder Dimethylether handeln. Da Ethanol bei Zimmertemperatur flüssig, Dimethylether ein Gas ist, war der untersuchte Stoff Ethanol.

7 a) Reaktionsgleichung:

$$CO_2 + H_2 \rightleftharpoons CO + H_2O,$$

$$\frac{p(CO) \cdot p(H_2O)}{p(CO_2) \cdot p(H_2)} = \frac{(0{,}081\ bar)^2}{(0{,}419\ bar)^2} = 3{,}74 \cdot 10^{-2} = K_p.$$

Die Gleichgewichtskonstante hat den Wert $K_p = 3{,}74 \cdot 10^{-2}$.

b) Da die Ausgangsstoffe im stöchiometrisch richtigen Verhältnis zusammengegeben worden sind, gilt:

$p(CO_2) = p(H_2)$ (Gleichung 1).

Da die Anzahl der gebildeten Kohlenstoffmonooxidmoleküle gleich der Anzahl der gebildeten Wassermoleküle ist, gilt außerdem

$p(CO) = p(H_2O)$ (Gleichung 2).

Zu Beginn der Reaktion betrugen die Partialdrücke der Gase Kohlenstoffdioxid und Wasserstoff jeweils 0,5 p. Nach Einstellung des Gleichgewichts betragen sie

$p(CO_2) = 0{,}5\,p - p(CO)$ (Gleichung 3),

und

$p(H_2) = 0{,}5\,p - p(CO)$ (Gleichung 4).

Eingesetzt in das Massenwirkungsgesetz ergibt sich, wenn wir der Übersichtlichkeit wegen $p(CO)$ durch die vom Mathematikunterricht her bekannte Variable x ersetzen:

$$\frac{p(CO)\cdot p(H_2O)}{p(CO_2)\cdot p(H_2)} = \frac{p^2(CO)}{(0{,}5p - p(CO))^2} = \frac{x^2}{(0{,}5p - x)^2} = K_p\,.$$

Nach x aufgelöst ergibt sich für diese quadratische Gleichung:

$$x^2 = K_p \cdot (0{,}5\,p - x)^2$$

In die Normalform übergeführt, lautet diese Gleichung:

$$(1 - K_p)\cdot x^2 + p\cdot K_p \cdot x - (0{,}5\,p)^2 \cdot K_p = 0\,.$$

Diese quadratische Gleichung liefert die Lösungen:

$$x_{1,2} = \frac{-p\cdot K_p + \sqrt{p^2 {K_p}^2 + 4\cdot(1 - K_p)\cdot(0{,}5\,p)^2\cdot K_p}}{2\cdot(1 - K_p)}\,.$$

Mit $x = p(CO)$, $p = 1$ bar und $K_p = 0{,}112$ wird daraus:

$$p(CO) = x = \frac{-0{,}112\text{ bar} \pm 1\text{ bar}\cdot\sqrt{0{,}112}}{2\cdot(1 - 0{,}112)} = 0{,}125\text{ bar}\,.$$

Jede quadratische Gleichung besitzt zwei Lösungen. Die zweite Lösung ist hier unrealistisch, weil sie einen negativen Wert ergibt. Damit betragen die Partialdrücke:

$p(CO) = p(H_2O) = 0{,}125\ \text{bar}$,

$p(CO_2) = p(H_2) = 0{,}5\ \text{bar} - 0{,}125\ \text{bar} = 0{,}375\ \text{bar}$.

Für die höhere Temperatur von $T = 1\,500$ K hat die Gleichgewichtskonstante den Wert 2,63.
Die quadratische Gleichung lautet dann

$$p(CO) = x = \frac{-2{,}63\ \text{bar} \pm 1\ \text{bar} \cdot \sqrt{2{,}63}}{2 \cdot (1 - 2{,}63)} = 0{,}309\ \text{bar} \quad (1{,}3\ \text{bar}).$$

(Die zweite Lösung, nämlich $p(CO) = 1{,}3$ bar, ist unrealistisch, da der Druck nur $p = 1$ bar beträgt.)
Für $T = 1500$ K erhalten wir demnach die folgenden Partialdrücke:

$p(CO) = p(H_2O) = 0{,}309\ \text{bar}$ und

$p(CO_2) = p(H_2) = 0{,}5\ \text{bar} - 0{,}309\ \text{bar} = 0{,}191\ \text{bar}$.

8 Aus den angegebenen Massen der Stoffportionen müssen zunächst die Konzentrationen berechnet werden. Da $c = n/V$ und $n = m/M$, gilt für jede Komponente der Mischung:

$$c = \frac{m}{M \cdot V}.$$

Die molaren Massen berechnet man mithilfe der in der Periodentafel angegebenen Atommassen. Dann ergibt sich:

$$c(CH_3COOH) = \frac{188{,}5\ \text{g}}{60\ \text{g} \cdot \text{mol}^{-1} \cdot 1\ \text{L}}; \qquad c(C_2H_5OH) = \frac{144{,}5\ \text{g}}{46\ \text{g} \cdot \text{mol}^{-1} \cdot 1\ \text{L}};$$

$$c(CH_3COOC_2H_5) = \frac{553{,}8\ \text{g}}{88\ \text{g} \cdot \text{mol}^{-1} \cdot 1\ \text{L}}; \qquad c(H_2O) = \frac{113{,}2\ \text{g}}{18\ \text{g} \cdot \text{mol}^{-1} \cdot 1\ \text{L}}.$$

Eingesetzt in das Massenwirkungsgesetz ergibt sich:

$$\frac{c(CH_3COOC_2H_5) \cdot c(H_2O)}{c(CH_3COOH) \cdot c(C_2H_5OH)} = K_c = 4{,}01.$$

Die Gleichgewichtskonstante für die Bildung von Ethansäureethylester aus Ethansäure und Ethanol beträgt $K_c = 4{,}01$.

9 Die Reaktionsgleichungen für die drei Gleichgewichte lauten:

(1) $CO(g) + Cl_2(g) \rightleftharpoons COCl_2(g)$ $K(1) = 6 \cdot 10^{-6}\ hPa^{-1}$,

(2) $C(s) + CO_2(g) \rightleftharpoons 2\ CO(g)$ $K(2) = 1{,}3 \cdot 10^{17}\ hPa$,

(3) $C(s) + CO_2(g) + 2\ Cl_2(g) \rightleftharpoons 2\ COCl_2$.

Daraus ergibt sich das Massenwirkungsgesetz für die Gleichgewichte (1), (2) und (3):

$$\frac{p(COCl_2)}{p(CO) \cdot p(Cl_2)} = K(1), \quad \frac{p^2(CO)}{p(CO_2)} = K(2) \quad \text{und} \quad \frac{p^2(COCl_2)}{p(CO_2) \cdot p^2(Cl_2)} = K(3).$$

Bei einer genauen Betrachtung der drei Brüche stellt man fest, dass folgende Beziehung erfüllt ist:

$K^2(1) \cdot K(2) = K(3)$, also gilt

$K(3) = (6 \cdot 10^{-6}\ hPa^{-1})^2 \cdot 1{,}3 \cdot 10^{17}\ hPa = 4{,}7 \cdot 10^6\ hPa^{-1}$.

Die Gleichgewichtskonstante für die Synthese von Phosgen aus Kohlenstoff, Kohlenstoffdioxid und Chlor hat bei $T = 1\,123$ K den Wert $K_p = 4{,}7 \cdot 10^6\ hPa^{-1}$.

10 a) Reaktionsgleichung:

$NH_4HS(s) \rightleftharpoons NH_3(g) + H_2S(g)$.

Bei der Reaktion entstehen gleich viele Ammoniakmoleküle wie Schwefelwasserstoffmoleküle. Damit ergeben sich die Partialdrücke:

$p(NH_3) = p(H_2S) = 0{,}5 \cdot 709\ hPa$ (Gleichung 1).

Das Massenwirkungsgesetz für das heterogene Gleichgewicht lautet:

$p(NH_3) \cdot p(H_2S) = K_p$ (Gleichung 2).

Gleichung 1 in Gleichung 2 eingesetzt liefert:

$(0{,}5 \cdot 709\ hPa) \cdot (0{,}5 \cdot 709\ hPa) = 1{,}26 \cdot 10^5\ hPa^2 = K_p$.

K_p hat unter den gegebenen Bedingungen den Wert $1{,}26 \cdot 10^5\ hPa^2$.

b) Die Stoffmenge der entstandenen Gasportion lässt sich aus dem Volumen $V = 4$ L und dem molaren Volumen $V_m = 34{,}4\ \text{L} \cdot \text{mol}^{-1}$ nach der Gleichung $n = V/V_m$ berechnen. Die Stoffmenge der Ammoniak- und Schwefelwasserstoffportion ist jeweils halb so groß. Also gilt:

$$n(NH_3) = n(H_2S) = 0{,}5 \cdot \frac{V}{V_m} = 0{,}5 \frac{4\ \text{L}}{34{,}4\ \text{L} \cdot \text{mol}^{-1}} \qquad \text{(Gleichung 1)}.$$

Aus der Reaktionsgleichung folgt außerdem

$$n(NH_4HS) = n(NH_3) \qquad \text{(Gleichung 2)}.$$

Zuletzt muss noch die Masse der Ammoniumhydrogensulfidportion, die bei der Reaktion verbraucht worden ist, aus der molaren Masse und $n(NH_4HS)$ berechnet und von der Masse der ursprünglich vorhandenen Ammoniumhydrogensulfidportion abgezogen werden. Es ergibt sich unter Berücksichtigung von Gleichung 1 und Gleichung 2:

$$m = 6{,}16\ \text{g} - n(NH_4HS) \cdot M(NH_4HS) = 6{,}16\ \text{g} - 0{,}5 \cdot \frac{V}{V_m} \cdot M(NH_4HS).$$

und mit $M(NH_4HS) = 51{,}1\ \text{g} \cdot \text{mol}^{-1}$

$$m = 6{,}16\ \text{g} - 0{,}5 \cdot \frac{4\ \text{L}}{34{,}4\ \text{L} \cdot \text{mol}^{-1}} \cdot 51{,}1\ \text{g} \cdot \text{mol}^{-1} = 3{,}19\ \text{g}.$$

Im Gefäß bleiben 3,19 g Ammoniumhydrogensulfid zurück.

11 a) Bei Chlorwasserstoff handelt es sich um eine sehr starke Säure, daher gilt

$$c(H_3O^+) \approx c_0 = 0{,}02\ \text{mol} \cdot \text{L}^{-1}$$

und daraus folgt

$$\text{pH} = -\lg\{c_0\} \approx 1{,}7.$$

b) Salpetersäure ist eine starke Säure, daher gilt:

$$c(H_3O^+) \approx c_0 = \frac{n(HNO_3)}{V} = \frac{m(HNO_3)}{M(HNO_3) \cdot V} = \frac{2\ \text{g}}{63\ \text{g} \cdot \text{mol}^{-1} \cdot 0{,}1\ \text{L}}.$$

$$pH \approx -\lg\{c_0\} = 0{,}5$$

c) Metallhydroxide sind Ionenverbindungen, also gilt:

$$c(OH^-) = 2 \cdot 0{,}2\ \text{mol} \cdot \text{L}^{-1};$$

$$\text{pH} = 14 - \text{pOH} = 13{,}6.$$

d) Die folgende Näherung darf verwendet werden, weil Methansäure eine verhältnismäßig schwache Säure ist und die Stoffmengenkonzentration c_0 deutlich größer als K_S ist:

$$c(\mathrm{H_3O^+}) \approx \sqrt{K_S \cdot c_0} = \sqrt{10^{-3{,}75}\,\mathrm{mol \cdot L^{-1}} \cdot 10^{-2{,}3}\,\mathrm{mol \cdot L^{-1}}} = 9{,}4 \cdot 10^{-4}\,\mathrm{mol \cdot L^{-1}}\,;$$

$$\mathrm{pH} \approx 3{,}0\,.$$

e) Ammoniak ist mit $\mathrm{p}K_B = 4{,}76$ eine verhältnismäßig schwache Base:

$$c(\mathrm{OH^-}) \approx \sqrt{K_B \cdot c_0} = \sqrt{K_B \cdot \frac{1\,\mathrm{L}}{25\,\mathrm{L \cdot mol^{-1}}}} = 8{,}3 \cdot 10^{-4}\,\mathrm{mol \cdot L^{-1}}\,;$$

$$\mathrm{pOH} \approx 3{,}1\,;$$

$$\mathrm{pH} \approx 14 - \mathrm{pOH} = 10{,}9\,.$$

12 $$c(\mathrm{H_3O^+}) = c(\mathrm{OH^-}) = \sqrt{K_W} = \sqrt{10^{-12}\,\mathrm{mol^2 \cdot L^{-2}}} = 10^{-6}\,\mathrm{mol \cdot L^{-1}}\,;$$

$$\mathrm{pH} = \mathrm{pOH} = 6\,.$$

Siedendes Wasser besitzt einen pH-Wert von 6, trotzdem reagiert es neutral, weil pH = pOH.

13 Da Propansäure eine schwache Säure ist, wird die entsprechende Näherung verwendet. Nach der Stoffmengenkonzentration der $\mathrm{H_3O^+}$-Ionen aufgelöst, ergibt sich:

$$c_0 = \frac{c^2(\mathrm{H_3O^+})}{K_S}\,; \qquad c_0 = \frac{m(\mathrm{Propans.})}{M(\mathrm{Propans.}) \cdot V}\,.$$

Durch Einsetzen ergibt sich daraus:

$$m(\mathrm{Propans.}) = \frac{c^2(\mathrm{H_3O^+}) \cdot M(\mathrm{Propans.}) \cdot V}{K_S} =$$

$$= \frac{(10^{-3}\,\mathrm{mol \cdot L^{-1}})^2 \cdot 74\,\mathrm{g \cdot mol^{-1}} \cdot 0{,}1\,\mathrm{L}}{10^{-4{,}88}\,\mathrm{mol \cdot L^{\;1}}} = 0{,}56\,\mathrm{g}\,.$$

Es sind 0,56 g Propansäure nötig.

14 a) Reaktionsgleichung:

$$\mathrm{Ca(OH)_2(aq) + 2\,HCl(aq) \longrightarrow CaCl_2(aq) + 2\,H_2O}\,.$$

Grundgleichung der Titration:

$$2 \cdot c_0(Ca(OH)_2) \cdot V(Ca(OH)_2\text{-Lsg.}) = c_0(HCl) \cdot V(HCl\text{-Lsg.})\,.$$

$$c_0(Ca(OH)_2) = \frac{c_0(HCl) \cdot V(HCl\text{-Lsg.})}{2 \cdot V(Ca(OH)_2\text{-Lsg.})} = \frac{0{,}1\,mol \cdot L^{-1} \cdot 6{,}4\,mL}{2 \cdot 40\,mL} = 0{,}008\,mol \cdot L^{-1}.$$

Die Stoffmengenkonzentration einer gesättigten Calciumhydroxidlösung beträgt 0,008 $mol \cdot L^{-1}$.

b) $m(Ca(OH)_2) = n(Ca(OH)_2) \cdot M(Ca(OH)_2) = 0{,}008\,mol \cdot L^{-1} \cdot 1\,L \cdot 74\,g \cdot mol^{-1}$
$= 0{,}59\,g\,.$

In einem Liter Wasser sind bei 25 °C maximal 0,59 g Calciumhydroxid gelöst.

15 Eisen(III)-chloridlösung enthält die Säure $[Fe(H_2O)_6]^{3+}$, deren pK_S-Wert 2,22 beträgt.

$$c(H_3O^+) \approx \sqrt{K_S \cdot c_0} = \sqrt{10^{-2{,}22}\,mol \cdot L^{-1} \cdot 0{,}1\,mol \cdot L^{-1}} = 2{,}45 \cdot 10^{-2}\,mol \cdot L^{-1}\,;$$
$$pH \approx 1{,}6\,.$$

Kaliumnitratlösung reagiert neutral. Weder die Kationen K^+ noch die Anionen NO_3^- können durch Reaktion mit Wassermolekülen Oxonium-Ionen bzw. Hydroxid-Ionen in messbarem Umfang entstehen lassen ($c(H_3O^+) = 10^{-7}\,mol \cdot L^{-1}$, pH = 7).
Die Trinatriumphosphatlösung reagiert alkalisch, weil die Phosphat-Ionen ($pK_B = 1{,}68$) dem Wasser Protonen entziehen können:

$$c(OH^-) \approx \sqrt{K_B \cdot c_0} = \sqrt{10^{-1{,}68}\,mol \cdot L^{-1} \cdot 0{,}1\,mol \cdot L^{-1}} = 4{,}6 \cdot 10^{-2}\,mol \cdot L^{-1}\,;$$
$$pOH \approx 1{,}3\,;$$
$$pH \approx 12{,}7\,.$$

Hinweis: Bei beiden Rechnungen wurden die Näherungen verwendet, da die Bedingung $c_0 \gg K_S$ bzw. $c_0 \gg K_B$ noch als erfüllt betrachtet werden kann. Die genauere Berechnung mithilfe der quadratischen Gleichung hätte pH = 1,66 bzw. pH = 12,56 ergeben.

16 a) Der Verbrauch an Natronlauge kann dem Diagramm entnommen werden. Es sind 4,5 mL. Da es sich um eine einprotonige Säure handelt, lautet die bereits nach $c_0(HA)$ aufgelöste Grundgleichung der Titration:

$$c_0(HA) = \frac{c_0(NaOH) \cdot V(NaOH\text{-Lsg.})}{V(HA\text{-Lsg.})} = \frac{0{,}1\,mol \cdot L^{-1} \cdot 4{,}5\,mL}{4{,}5\,mL} = 0{,}1\,mol \cdot L^{-1}.$$

b) Der „Halbäquivalenzpunkt" liegt bei einem Verbrauch von 2,25 mL Natronlauge. An dieser Stelle der Kurve beträgt der pH-Wert etwa 3,8. Es handelt sich um Methansäure, die einen pK_S-Wert von 3,77 besitzt.

17 Für das Gleichgewicht:

$$\underset{\text{Säure 1}}{NH_4^+} + \underset{\text{Base 2}}{CO_3^{2-}} \rightleftharpoons \underset{\text{Base 1}}{NH_3} + \underset{\text{Säure 2}}{HCO_3^-}$$

lautet das Massenwirkungsgesetz:

$$\frac{c(NH_3) \cdot c(HCO_3^-)}{c(NH_4^+) \cdot c(CO_3^{2-})} = K\,.$$

Erweitert man den Bruch mit dem Faktor $c(H_3O^+)$, erkennt man den gesuchten Zusammenhang:

$$\frac{c(H_3O^+) \cdot c(NH_3)}{c(NH_4^+)} \cdot \frac{c(HCO_3^-)}{c(H_3O^+) \cdot c(CO_3^{2-})} = \frac{K_S(NH_4^+)}{K_S\,(HCO_3^-)} = K\,;$$

$$\frac{10^{-9,24}\ \text{mol} \cdot L^{-1}}{10^{-10,4}\ \text{mol} \cdot L^{-1}} = 14,5 = K\,.$$

Die Gleichgewichtskonstante hat den Wert 14,5.

Allgemein gilt: Die Gleichgewichtskonstante K eines Säure-Base-Gleichgewichts erhält man, indem man die Säurekonstante der Säure 1 durch die Säurekonstante der Säure 2 dividiert.

18 Da Essigsäure eine schwache Säure ist und Natriumacetat eine Ionenverbindung, gilt

$$c(CH_3COOH) \approx c_0(CH_3COOH) \quad \text{und} \quad c(CH_3COO^-) = c_0(CH_3COONa)\,.$$

Die molaren Massen betragen

$$M(CH_3COOH) = 60{,}0\ g \cdot mol^{-1} \quad \text{und} \quad M(CH_3COONa) = 82{,}0\ g \cdot mol^{-1}\,.$$

Der pH-Wert ergibt sich dann aus der Puffergleichung:

$$c(H_3O^+) = \frac{c(CH_3COOH)}{c(CH_3COO^-)} \cdot K_S = \frac{20\ g \cdot 82\ g \cdot mol^{-1} \cdot 1\ L}{20\ g \cdot 60\ g \cdot mol^{-1} \cdot 1\ L} \cdot 10^{-4,76}\ \frac{mol}{L} = 2{,}4 \cdot 10^{-5}\,;$$

$$pH = 4{,}6\,.$$

Die Pufferlösung besitzt einen pH-Wert von 4,6.

19 Nach den Angaben im Text lösen sich bei 25 °C und 1 000 hPa in einem Liter Wasser 0,8 Liter Kohlenstoffdioxid. Die Dichte von Kohlenstoffdioxid erhält man aus der molaren Masse $M(CO_2)$ und dem molaren Volumen $V_m(CO_2)$. Damit ergibt sich für die Masse der bei 25 °C und 1 000 hPa maximal löslichen Kohlenstoffdioxidportion:

$$m(CO_2) = 0{,}8\,L \cdot \frac{M(CO_2)}{V_m(CO_2)} = 0{,}8\,L \cdot \frac{44\,g \cdot mol^{-1}}{25\,L \cdot mol^{-1}} = 1{,}4\,g\,.$$

Diese Lösung ist also bei 25 °C und 1 000 hPa nicht gesättigt.

20
$$c(Pb^{2+}) = \frac{n(PbI_2)}{V} = \frac{m(PbI_2)}{M(PbI_2) \cdot V} = \frac{0{,}06\,g}{461\,g \cdot mol^{-1} \cdot 0{,}1\,L} = 1{,}3 \cdot 10^{-3}\,mol \cdot L^{-1}\,;$$
$$c(I^-) = 2 \cdot c(Pb^{2+})\,;$$
$$c(Pb^{2+}) \cdot c^2(I^-) = K_L = 8{,}8 \cdot 10^{-9}\,mol^3 \cdot L^{-3}\,.$$

Das Löslichkeitsprodukt von Blei(II)-iodid beträgt $K_L = 8{,}8 \cdot 10^{-9}\,mol^3 \cdot L^{-3}$.

21 Aus dem Löslichkeitsprodukt folgt:

$$c(Pb^{2+}) = \frac{K_L}{c(SO_4{}^{2-})} = \frac{1{,}5 \cdot 10^{-8}\,mol^2 \cdot L^{-2}}{0{,}1\,mol \cdot L^{-1}} = 1{,}5 \cdot 10^{-7}\,mol \cdot L^{-1}\,.$$

Die maximal zulässige Stoffmengenkonzentration der Pb^{2+}-Ionen wird eingehalten.

22 Da

$$c(Ag^+) = c(Cl^-) = c(AgCl) \text{ und } c(Ag^+) \cdot c(Cl^-) = K_L\,,$$

folgt aus dem Löslichkeitsprodukt unter Berücksichtigung von $M(AgCl) = 143{,}3\,g \cdot mol^{-1}$:

$$c(AgCl) = \sqrt{K_L} = \sqrt{1{,}6 \cdot 10^{-10}\,mol^2 \cdot L^{-2}} = 1{,}26 \cdot 10^{-5}\,mol \cdot L^{-1}\,;$$
$$m(AgCl) = c(AgCl) \cdot V \cdot M(AgCl) = 1{,}8\,mg\,.$$

Ein Liter einer gesättigten wässrigen Lösung von Silberchlorid enthält 1,8 mg Silberchlorid.

23 Die Spannung ergibt sich jeweils unter Anwendung der NERNST'schen Gleichung. Zu Beginn des Versuchs:

$$U = E(\mathrm{Ag/Ag^+}) - E(\mathrm{Cu/Cu^{2+}})$$
$$= +0{,}80\ \mathrm{V} + 0{,}059\ \mathrm{V} \cdot \lg\{c(\mathrm{Ag^+})\} - \left(0{,}34\ \mathrm{V} + \frac{0{,}059\ \mathrm{V}}{2} \cdot \lg\{c(\mathrm{Cu^{2+}})\}\right) = 0{,}43\ \mathrm{V}.$$

Wenn die Stoffmengenkonzentration $c(\mathrm{Ag^+})$ auf 0,1 mol · $\mathrm{L^{-1}}$ abgesunken ist, ist die Stoffmengenkonzentration $c(\mathrm{Cu^{2+}})$ auf 0,55 mol · $\mathrm{L^{-1}}$ angestiegen und es ergibt sich:

$$U = +0{,}80\ \mathrm{V} + 0{,}059\ \mathrm{V} \cdot \lg\{0{,}1\} - \left(0{,}34\ \mathrm{V} + \frac{0{,}059\ \mathrm{V}}{2} \cdot \lg\{0{,}55\}\right) = 0{,}41\ \mathrm{V}.$$

Die Spannung beträgt zu Beginn 0,43 V und fällt dann auf 0,41 V ab.

24 a) Die beiden Abscheidungspotenziale ergeben sich nach der NERNST'schen Gleichung zu:

$$E(\mathrm{Cu/Cu^{2+}}) = 0{,}34\ \mathrm{V} + \frac{0{,}059\ \mathrm{V}}{2} \lg\{c(\mathrm{Cu^{2+}})\} = +0{,}33\ \mathrm{V};$$
$$E(\mathrm{Zn/Zn^{2+}}) = -0{,}76\ \mathrm{V} + \frac{0{,}059\ \mathrm{V}}{2} \lg\{c(\mathrm{Zn^{2+}})\} = -0{,}77\ \mathrm{V}.$$

b) Zuerst wird Kupfer abgeschieden, da Kupfer-Ionen leichter reduzierbar sind als Zink-Ionen. Das Abscheidungspotenzial für Sauerstoff muss nach der NERNST'schen Gleichung berechnet werden. Da pH = 0, beträgt $c(\mathrm{OH^-}) = 10^{-14}$ mol · $\mathrm{L^{-1}}$.

$$E(\mathrm{OH^-/O_2}) = 0{,}40\ \mathrm{V} + \frac{0{,}059\ \mathrm{V}}{4} \lg\left\{\frac{1}{c^4(\mathrm{OH^-})}\right\} = 1{,}23\ \mathrm{V};$$
$$U_{\mathrm{Zers}} = E(\mathrm{OH^-/O_2}) - E(\mathrm{Cu/Cu^{2+}}) = 0{,}89\ \mathrm{V}.$$

Die Zersetzungsspannung beträgt U_{Zers} = 0,89 V.

c) Die Berechnung erfolgt mithilfe des FARADAY'schen Gesetzes. Es wird nach der Stoffmenge $n(Cu^{2+})$ aufgelöst. Die Masse $m(Cu) = m(Cu^{2+})$ ergibt sich dann mithilfe der molaren Masse $M(Cu^{2+}) = 63{,}55\ g \cdot mol^{-1}$:

$$Q = n(Cu^{2+}) \cdot z \cdot F\ ;$$

$$m(Cu) = n(Cu^{2+}) \cdot M(Cu^{2+}) =$$

$$= \frac{Q \cdot M(Cu^{2+})}{z \cdot F} = \frac{0{,}3\ A \cdot 5 \cdot 60\ s \cdot 63{,}55\ g \cdot mol^{-1}}{2 \cdot 96\,500\ A \cdot s \cdot mol^{-1}} = 29{,}6\ mg\ .$$

In 5 Minuten werden 29,6 mg Kupfer abgeschieden.

25 Diese (sehr schwere) Aufgabe zeigt die ganze Problematik der Vorhersage von Redoxreaktionen mithilfe der Tabelle der Normalpotenziale. Mit Wasserstoffperoxid und Braunstein kommen zwei Stoffe zusammen, die sowohl oxidiert als auch reduziert werden können. Den Schlüssel für die Lösung des Problems finden wir in dem Hinweis auf die Gasentwicklung bei der Reaktion. Die Tabelle zeigt, dass Wasserstoffperoxid zu Sauerstoff oxidiert werden kann. Für Wasserstoffperoxid als Reduktionsmittel und Braunstein als Oxidationsmittel ergibt sich:

Reduktionsmittel		Oxidationsmittel + z Elektronen	E^0 (pH = 0, $c(H_2O_2) = 1\ mol \cdot L^{-1}$)
$H_2O_2(aq)$	$\rightleftharpoons$	$O_2(g) + 2\ H^+(aq) + 2\ e^-$	+0,68 V
$Mn^{2+}(aq) + 2\ H_2O$	$\rightleftharpoons$	$MnO_2(s) + 4\ H^+(aq) + 2\ e^-$	+1,21 V

Braunstein reagiert mit Wasserstoffperoxid, da jedes Redoxgleichgewicht auf der Seite des schwächeren Reduktionsmittels, hier also der Mn^{2+}-Ionen, liegt. Aufgrund einer Betrachtung der Normalpotenziale ist eine solche Aussage nur zulässig, wenn alle an beiden Reaktionen beteiligten gelösten Stoffe in der Stoffmengenkonzentration $c = 1\ mol \cdot L^{-1}$ vorliegen. Erfüllt wird diese Bedingung vom Wasserstoffperoxid, sein Redoxpotenzial beträgt also unter den gegebenen Bedingungen 0,68 V. Für das Redoxgleichgewicht, an dem Braunstein beteiligt ist, gilt das sicher nicht. In der Lösung sind zunächst höchstens Spuren von Mn^{2+}-Ionen enthalten. Die NERNST'sche Gleichung für dieses Gleichgewicht lautet:

$$E = E^0(MnO_2/Mn^{2+}) + \frac{0{,}059\ V}{2} \lg \left\{ \frac{c^4(H^+)}{c(Mn^{2+})} \right\}.$$

Daraus folgt aber, dass Braunstein bei sehr kleinen Stoffmengenkonzentrationen $c(Mn^{2+})$ noch stärker oxidierend wirkt, als eigentlich nötig wäre. Die

„reinigende“ Wirkung der Wasserstoffperoxidlösung ist also eher besser, wenn nur sehr wenige Mn^{2+}-Ionen in der Lösung vorliegen.
Die Reaktionsgleichung kann man „aus der Spannungsreihe abschreiben“, sie lautet:

$$\underset{\text{Oxidationsmittel}}{MnO_2(s)} + 2\,H^+(aq) + \underset{\text{Reduktionsmittel}}{H_2O_2(aq)} \rightleftharpoons O_2(g) + Mn^{2+}(aq) + 2\,H_2O\,.$$

26 Da die Standardwasserstoffelektrode das Potenzial $E^0 = 0$ V besitzt und gegenüber der Silberelektrode den Minuspol bildet, ergibt sich aus der NERNST’schen Gleichung:

$$U = E(Ag/Ag^+) - E^0(H_2/H^+) = 0{,}281\ V\,;$$
$$0{,}281\ V = 0{,}80\ V + 0{,}059\ V \cdot \lg\{c(Ag^+)\}\,;$$
$$c(Ag^+) = 10^{-8{,}8}\ mol \cdot L^{-1}\,.$$

In einer Salzsäure mit pH = 1 beträgt $c(Cl^-) = 0{,}1\ mol \cdot L^{-1}$ und es gilt:

$$K_L(AgCl) = c(Ag^+) \cdot c(Cl^-) = 10^{-8{,}8}\ mol \cdot L^{-1} \cdot 0{,}1\ mol \cdot L^{-1} = 10^{-9{,}8}\ mol^2 \cdot L^{-2}\,.$$

Das Löslichkeitsprodukt von Silberchlorid beträgt $1{,}6 \cdot 10^{-10} mol^2 \cdot L^{-2}$.

27 a) Für die Chlor-Abscheidung gilt $E = E^0(Cl^-/Cl_2) = 1{,}36$ V.
Für Sauerstoff-Abscheidung bei pH = 0 ergibt die NERNST’sche Gleichung:

$$4\,OH^-(aq) \rightleftharpoons O_2(g) + 2\,H_2O + 4\,e^-\,;$$

$$E(OH^-/O_2) = E^0(OH^-/O_2) + \frac{0{,}059\ V}{4}\lg\left\{\frac{1}{c^4(OH^-)}\right\} =$$
$$= 0{,}40\ V + \frac{0{,}059\ V}{4}\lg\left\{\frac{1}{(10^{-14})^4}\right\}$$
$$= 1{,}23\ V\,.$$

Zur Chlorabscheidung kommt es, wenn die Bildung von Sauerstoff mit einem höheren Abscheidungspotenzial verbunden ist als die von Chlor:

$$E(OH^-/O_2) + \eta > E^0(Cl^-/Cl_2)\,;$$
$$1{,}23\ V + \eta > 1{,}36\ V\,;$$
$$\eta > 0{,}13\ V\,.$$

Die Überspannung muss also $\eta > 0{,}13$ V betragen, damit Chlor entsteht.

b) Da das Normalpotenzial von Platin bei 1,2 V liegt, wird eine Platinelektrode von Chlor stark angegriffen.

28 $4\,NH_3(g) + 5\,O_2(g) \longrightarrow 4\,NO(g) + 6\,H_2O(g)$.

$4\,NH_3(g)$	$5\,O_2(g)$	$4\,NO(g)$	$6\,H_2O(g)$	
–46,2	0	90,4	–241,8	$\Delta H_B{}^0$ in $kJ \cdot mol^{-1}$

$$\Delta H = 6\,mol \cdot (-241{,}8\,kJ \cdot mol^{-1}) + 4\,mol \cdot (90{,}4\,kJ \cdot mol^{-1}) - (4\,mol \cdot (-46{,}2\,kJ \cdot mol^{-1}) = -904{,}4\,kJ\,.$$

Dieses Ergebnis gilt für eine Stickstoffmonooxidportion mit der Stoffmenge $n(NO) = 4$ mol. Für 1 mol Stickstoffmonooxid erhalten wir:

$$\Delta H = \frac{1\,mol}{4\,mol} \cdot (-904{,}4\,kJ) = -226{,}1\,kJ\,.$$

Die Reaktionsenthalpie für die Verbrennung von Ammoniak unter Bildung von 1 mol Stickstoffmonooxid beträgt $\Delta H = -226{,}1$ kJ.

29 Für flüssiges Wasser gilt:

$CH_4(g) + 2\,O_2(g) \longrightarrow CO_2(g) + 2\,H_2O(l)$.

$CH_4(g)$	$2\,O_2(g)$	$CO_2(g)$	$2\,H_2O(l)$	
–74,9	0	–393,5	–285,9	$\Delta H_B{}^0$ in $kJ \cdot mol^{-1}$

$$\Delta H = 2\,mol \cdot (-285{,}9\,kJ \cdot mol^{-1}) + 1\,mol \cdot (-393{,}5\,kJ \cdot mol^{-1}) - 1\,mol \cdot (-74{,}9\,kJ \cdot mol^{-1}) = -890{,}4\,kJ\,.$$

Für Wasserdampf haben wir erhalten:

$$CH_4(g) + 2\,O_2(g) \longrightarrow CO_2(g) + 2\,H_2O(g), \quad \Delta H = -802{,}2\,kJ\,.$$

Da die Reaktionsenthalpie gleich der abgegebenen Wärme Q ist, hat sich die nutzbare Wärme um den Faktor

$$f = \frac{-890{,}4\,kJ}{-802{,}2\,kJ} = 1{,}11$$

verbessert. Das bedeutet einen Zugewinn von 11%.

30 $C_6H_{12}O_6(s) + 6\,O_2(g) \longrightarrow 6\,CO_2(g) + 6\,H_2O(l)$.

$C_6H_{12}O_6(s)$	$6\,O_2(g)$	$6\,CO_2(g)$	$6\,H_2O(l)$	
$\Delta H_B{}^0$	0	–393,5	–285,9	$\Delta H_B{}^0$ in $kJ \cdot mol^{-1}$

Die Stoffmenge der verbrannten Glucoseportion beträgt:

$$n(\text{Glucose}) = \frac{1\,g}{180\,g \cdot mol^{-1}}\,.$$

Damit ergibt sich für 1 mol Glucose:

$$\Delta H = 180 \cdot Q = 6\,\text{mol} \cdot (-285{,}9\,\text{kJ} \cdot \text{mol}^{-1}) + 6\,\text{mol} \cdot (-393{,}5\,\text{kJ} \cdot \text{mol}^{-1}) - 1\,\text{mol} \cdot (\Delta H_B{}^0)\,.$$

Aufgelöst nach $\Delta H_B{}^0$ erhält man:

$$\Delta H_B{}^0 = \frac{6\,\text{mol} \cdot (-285{,}9\,\text{kJ} \cdot \text{mol}^{-1}) + 6\,\text{mol} \cdot (-393{,}5\,\text{kJ} \cdot \text{mol}^{-1}) - 180 \cdot (-15{,}67\,\text{kJ})}{1\,\text{mol}}$$

$$= -1\,256\,\text{kJ} \cdot \text{mol}^{-1}\,.$$

Die molare Standardbildungsenthalpie von Glucose beträgt $\Delta H_B{}^0 = -1\,256\,\text{kJ} \cdot \text{mol}^{-1}$.

31 $N_2(g) + 3\,H_2(g) \longrightarrow 2\,NH_3(g)\,.$

$N_2(g)$	$3\,H_2(g)$	$2\,NH_3(g)$	
0	0	−46,2	$\Delta H_B{}^0$ in $\text{kJ} \cdot \text{mol}^{-1}$
191,5	130,6	192,5	$S^0{}_m$ in $\text{J} \cdot \text{K}^{-1} \cdot \text{mol}^{-1}$

Für einen Formelumsatz ergibt sich:

$$\Delta G^{(0)} = -92{,}4\,\text{kJ} - 773\,\text{K} \cdot (-198{,}3\,\text{J} \cdot \text{K}^{-1} \cdot \text{mol}^{-1}) = 60{,}9\,\text{kJ};$$

$$\Delta G^{(0)}{}_m = 60{,}9\,\text{kJ} \cdot \text{mol}^{-1};$$

$$\ln\{K_p\} = \frac{-\Delta G^{(0)}{}_m}{R \cdot T} = \frac{-\Delta G^{(0)}{}_m}{8{,}315 \cdot 10^{-3}\,\text{kJ} \cdot \text{K}^{-1} \cdot \text{mol}^{-1} \cdot 773\,\text{K}} = -9{,}47\,;$$

$$\frac{p^2(NH_3)}{p(N_2) \cdot p^3(H_2)} = K_p = 7{,}7 \cdot 10^{-5}\,\text{bar}^{-2}\,.$$

Wie man sieht, liegt dieses Gleichgewicht ziemlich weit auf der Seite der Ausgangsstoffe, was auch zu den erheblichen Problemen im Zusammenhang mit der Ammoniaksynthese geführt hat.

32 $Fe_3O_4(s) + 4\,C(s) \longrightarrow 3\,Fe(s) + 4\,CO(g)\,.$

$Fe_3O_4(s)$	$4\,C(s)$	$3\,Fe(s)$	$4\,CO(g)$	
−1 120,9	0	0	−110,5	$\Delta H_B{}^0$ in $\text{kJ} \cdot \text{mol}^{-1}$
146,4	5,69	27,2	197,9	$S^0{}_m$ in $\text{J} \cdot \text{K}^{-1} \cdot \text{mol}^{-1}$

Hier handelt es sich um eine heterogene Reaktion, für die sich Folgendes ergibt:

$$\Delta H = 4\,\text{mol} \cdot (-110{,}5\,\text{kJ} \cdot \text{mol}^{-1}) - 1\,\text{mol} \cdot (-1\,120{,}9\,\text{kJ} \cdot \text{mol}^{-1}) = 678{,}9\,\text{kJ};$$

$$\Delta S = 4\,\text{mol} \cdot 197{,}9\,\text{J} \cdot \text{K}^{-1} \cdot \text{mol}^{-1} + 3\,\text{mol} \cdot 27{,}2\,\text{J} \cdot \text{K}^{-1} \cdot \text{mol}^{-1} - (1\,\text{mol} \cdot 146{,}4\,\text{J} \cdot \text{K}^{-1} \cdot \text{mol}^{-1} + 4\,\text{mol} \cdot 5{,}69\,\text{J} \cdot \text{K}^{-1} \cdot \text{mol}^{-1}) = 704{,}4\,\text{J} \cdot \text{K}^{-1}.$$

Da es sich um eine endotherme Reaktion handelt, bei der die Entropie zunimmt, ist sie bei niedrigen Temperaturen endergonisch, bei hohen Temperaturen exergonisch.
Der Vorzeichenwechsel von ΔG erfolgt nach der GIBBS-HELMHOLTZ-Gleichung bei folgender Temperatur:

$$T = \frac{\Delta H}{\Delta S} = \frac{678{,}9\ \text{kJ}}{0{,}7044\ \text{kJ} \cdot \text{K}^{-1}} \approx 960\ \text{K}\,.$$

Die direkte Reduktion von Eisenoxid (Fe_3O_4) durch Kohlenstoff unter Bildung von Eisen und Kohlenstoffmonooxid wird ab etwa 960 K (690 °C) exergonisch.

33 Für Wasserstoffperoxid ergibt sich:

$2\,H_2O_2(l)$ $\longrightarrow$	$2\,H_2O(l)$ +	$O_2(g)$.	
−187,6	−285,9	0	$\Delta H_B{}^0$ in $\text{kJ} \cdot \text{mol}^{-1}$
92	69,9	205	$S^0{}_m$ in $\text{J} \cdot \text{K}^{-1} \cdot \text{mol}^{-1}$

Daraus folgt:

$$\Delta G = \Delta H - T \cdot \Delta S = -196{,}6\ \text{kJ} - 298\ \text{K} \cdot (160{,}8\ \text{J} \cdot \text{K}^{-1}) = -244{,}5\ \text{kJ}\,.$$

Diese heterogene Reaktion ist exergonisch. Sie läuft bei Raumtemperatur jedoch mit geringer Reaktionsgeschwindigkeit ab. Wasserstoffperoxid ist dann metastabil. Der Katalysator kann diesen Zustand aufheben.

Die gleiche Überlegung im Falle der Spaltung von Wasser unter Bildung von Sauerstoff:

$2\,H_2O(l)$ $\longrightarrow$	$2\,H_2(g)$ +	$O_2(g)$;	
−285,9	0	0	$\Delta H_B{}^0$ in $\text{kJ} \cdot \text{mol}^{-1}$
69,9	130,6	205	$S^0{}_m$ in $\text{J} \cdot \text{K}^{-1} \cdot \text{mol}^{-1}$

$$\Delta G = \Delta H - T \cdot \Delta S = +571{,}8\ \text{kJ} - 298\ \text{K} \cdot (326{,}4\ \text{J} \cdot \text{K}^{-1}) = +474{,}5\ \text{kJ}\,.$$

Diese Reaktion ist sehr stark endergonisch, läuft also nicht ab.
Erst bei extrem hohen Temperaturen würde Wasser in Wasserstoff und Sauerstoff aufgespalten. Dann sind aber die Reaktionsgeschwindigkeiten ohnehin sehr hoch und ein Katalysator erübrigt sich.

Anhang

Konstanten

AVOGADRO-Konstante	$N_A = 6{,}0221367 \cdot 10^{23}\ mol^{-1}$
FARADAY-Konstante	$F = 96\,485\ A \cdot s \cdot mol^{-1} \approx 26{,}8\ A \cdot h \cdot mol^{-1}$
Universelle Gaskonstante	$R = 8{,}31451\ J \cdot K^{-1} \cdot mol^{-1}$ $= 8{,}31451\ Pa \cdot m^3 \cdot K^{-1} \cdot mol^{-1}$
Elementarladung	$e = 1{,}60217733 \cdot 10^{-19}\ A \cdot s$
Spezifische Wärmekapazität des Wassers	$C_P = 4{,}186\ J \cdot g^{-1} \cdot K^{-1}$
Molares Volumen der Gase bei 25 °C und 1 013 hPa	$V_m \approx 24\ L \cdot mol^{-1}$
Molares Volumen der Gase bei Normbedingungen	$V_m \approx 22{,}41410\ L \cdot mol^{-1}$
Normdruck	$p_0 = 101{,}325\ kPa$
Normtemperatur	$T_0 = 273{,}15\ K$

Tabelle 1: Wichtige abgeleitete Größen und ihre Einheiten

Größe	Symbol	Einheit	Symbol	Definition	Größengleichung
Kraft	F	Newton	N	$1\,N = 1\,kg \cdot m \cdot s^{-2}$	$F = m \cdot a$
Druck	p p	Pascal Bar	Pa Bar	$1\,Pa = 1\,N \cdot m^{-2}$ 1 Bar = 100 000 Pa	$p = F \cdot A^{-1}$
Arbeit	W	Joule Elektronvolt	J eV	$1\,J = 1\,N \cdot m$ $1\,eV = 1{,}602 \cdot 10^{-19}\,J$	$W = F \cdot s = U \cdot I \cdot t$
Energie	W	Joule	J	$1\,J = 1\,N \cdot m$	
Leistung	P	Watt	W	$1\,W = 1\,J \cdot s^{-1}$	$P = W \cdot t^{-1}$
elektrische Ladung	Q	Coulomb	C	$1\,C = 1\,A \cdot s$	$Q = I \cdot t$
elektrische Spannung	U	Volt	V	$1\,V = 1\,J \cdot A^{-1} \cdot s^{-1}$	
elektrisches Potenzial	φ	Volt	V	$1\,V = 1\,J \cdot A^{-1} \cdot s^{-1}$	
Wärmemenge	Q	Joule	J	$1\,J = 1\,N \cdot m$	
Enthalpie	H	Joule	J	$1\,J = 1\,N \cdot m$	
Entropie	S		$J \cdot K^{-1}$		$S = Q \cdot T^{-1}$
molare Masse	M		$g \cdot mol^{-1}$		$M = m \cdot n^{-1}$
Volumen	V	 Liter	m^3 L, l*	 $1\,L = 10^{-3}\,m^3$	$V = s^3$
molares Volumen	V_m		$L \cdot mol^{-1}$		$V_m = V \cdot n^{-1}$
Stoffmengen-konzentration	c		$mol \cdot L^{-1}$		$c = n \cdot V^{-1}$

* Wegen besserer Lesbarkeit wird in diesem Buch das Symbol L für die Einheit Liter verwendet.

Tabelle 2: K_S- und pK_S-Werte (bei 25 °C)

Säure		$\{K_S\}$	pK_S
Perchlorsäure	$HClO_4$	10^{9}	–9
Iodwasserstoff	HI	10^{8}	–8
Bromwasserstoff	HBr	10^{6}	–6
Chlorwasserstoff	HCl	10^{6}	–6
Schwefelsäure	H_2SO_4	10^{3}	–3
Oxonium-Ion	H_3O^+	55	–1,74
Salpetersäure	HNO_3	21	–1,32
Oxalsäure	$(COOH)_2$	$3{,}5 \cdot 10^{-2}$	1,46
Hydrogensulfat-Ion	HSO_4^-	$1{,}2 \cdot 10^{-2}$	1,92
Schweflige Säure	H_2SO_3	$1{,}1 \cdot 10^{-2}$	1,96
Phosphorsäure	H_3PO_4	$1{,}1 \cdot 10^{-2}$	1,96
Hexaaquaeisen(III)-Ion	$[Fe(H_2O)_6]^{3+}$	$6 \cdot 10^{-3}$	2,22
Fluorwasserstoff	HF	$7{,}25 \cdot 10^{-4}$	3,14
Salpetrige Säure	HNO_2	$4{,}5 \cdot 10^{-4}$	3,35
Methansäure	$HCOOH$	$1{,}7 \cdot 10^{-4}$	3,77
Benzolcarbonsäure	C_6H_5COOH	$6{,}1 \cdot 10^{-5}$	4,22
Anilinium-Ion	$C_6H_5NH_3^+$	$2{,}65 \cdot 10^{-5}$	4,58
Ethansäure	CH_3COOH	$1{,}75 \cdot 10^{-5}$	4,76
Propansäure	C_2H_5COOH	$1{,}33 \cdot 10^{-5}$	4,88
Hexaaquaaluminium-Ion	$[Al(H_2O)_6]^{3+}$	$1{,}3 \cdot 10^{-5}$	4,9
Kohlensäure	(H_2CO_3)	$3{,}5 \cdot 10^{-7}$	6,46
Schwefelwasserstoff	H_2S	$8{,}8 \cdot 10^{-8}$	7,06
Hydrogensulfit-Ion	HSO_3^-	$6{,}4 \cdot 10^{-8}$	7,2
Dihydrogenphosphat-Ion	$H_2PO_4^-$	$6{,}2 \cdot 10^{-8}$	7,21
Ammonium-Ion	NH_4^+	$5{,}8 \cdot 10^{-10}$	9,24
Cyanwasserstoff	HCN	$4 \cdot 10^{-10}$	9,4
Hexaaquazink-Ion	$[Zn(H_2O)_6]^{2+}$	$2{,}2 \cdot 10^{-10}$	9,66
Phenol	C_6H_5OH	10^{-10}	10
Hydrogencarbonat-Ion	HCO_3^-	$4 \cdot 10^{-11}$	10,4
Wasserstoffperoxid	H_2O_2	$2{,}4 \cdot 10^{-12}$	11,62
Hydrogenphosphat-Ion	HPO_4^{2-}	$4{,}8 \cdot 10^{-13}$	12,32
Hydrogensulfid-Ion	HS^-	$1{,}03 \cdot 10^{-13}$	12,9
Wasser	H_2O	$1{,}8 \cdot 10^{-16}$	15,74
Ammoniak	NH_3	10^{-23}	23
Hydroxid-Ion	OH^-	10^{-24}	24

Tabelle 3: Standardpotenziale bei 25 °C in wässrigen Lösungen

reduzierte Form		oxidierte Form	Standardpotenzial [V]
$Li\ (s)$	$\rightleftharpoons$	$Li^+\ (aq) + e^-$	–3,02
$K\ (s)$	$\rightleftharpoons$	$K^+\ (aq) + e^-$	–2,92
$Ba\ (s)$	$\rightleftharpoons$	$Ba^{2+}\ (aq) + 2\,e^-$	–2,90
$Ca\ (s)$	$\rightleftharpoons$	$Ca^{2+}\ (aq) + 2\,e^-$	–2,76
$Na\ (s)$	$\rightleftharpoons$	$Na^+\ (aq) + e^-$	–2,71
$Mg\ (s)$	$\rightleftharpoons$	$Mg^{2+}\ (aq) + 2\,e^-$	–2,38
$Al\ (s)$	$\rightleftharpoons$	$Al^{3+}\ (aq) + 3\,e^-$	–1,67
$Mn\ (s)$	$\rightleftharpoons$	$Mn^{2+}\ (aq) + 2e^-$	–1,03
$H_2\ (g) + 2\,OH^-\ (aq)$	$\rightleftharpoons$	$2\,H_2O + 2\,e^-$	–0,83
$Zn\ (s)$	$\rightleftharpoons$	$Zn^{2+}\ (aq) + 2\,e^-$	–0,76
$Cr\ (s)$	$\rightleftharpoons$	$Cr^{3+}\ (aq) + 3\,e^-$	–0,74
$S^{2-}\ (aq)$	$\rightleftharpoons$	$S\ (s) + 2\,e^-$	–0,51
$Fe\ (s)$	$\rightleftharpoons$	$Fe^{2+}\ (aq) + 2\,e^-$	–0,41
$Pb\ (s) + SO_4^{2-}\ (aq)$	$\rightleftharpoons$	$PbSO_4\ (s) + 2\,e^-$	–0,36
$Co\ (s)$	$\rightleftharpoons$	$Co^{2+}\ (aq) + 2\,e^-$	–0,28
$Ni\ (s)$	$\rightleftharpoons$	$Ni^{2+}\ (aq) + 2\,e^-$	–0,23
$Sn\ (s)$	$\rightleftharpoons$	$Sn^{2+}\ (aq) + 2\,e^-$	–0,14
$Pb\ (s)$	$\rightleftharpoons$	$Pb^{2+}\ (aq) + 2\,e^-$	–0,13
$½\,H_2\ (g)$	$\rightleftharpoons$	$H^+\ (aq) + e^-$	0,00
$Sn^{2+}\ (aq)$	$\rightleftharpoons$	$Sn^{4+}\ (aq) + 2\,e^-$	+0,15
$H_2SO_3\ (aq) + H_2O$	$\rightleftharpoons$	$SO_4^{2-}\ (aq) + 4\,H^+\ (aq) + 2\,e^-$	+0,20
$Cu\ (s)$	$\rightleftharpoons$	$Cu^{2+}\ (aq) + 2\,e^-$	+0,34
$4\,OH^-\ (aq)$	$\rightleftharpoons$	$O_2\ (g) + 2\,H_2O + 4\,e^-$	+0,40
$2\,I^-\ (aq)$	$\rightleftharpoons$	$I_2\ (s) + 2\,e^-$	+0,54
$H_2O_2\ (aq)$	$\rightleftharpoons$	$O_2\ (g) + 2\,H^+\ (aq) + 2\,e^-$	+0,68
$Fe^{2+}\ (aq)$	$\rightleftharpoons$	$Fe^{3+}\ (aq) + e^-$	+0,77
$Ag\ (s)$	$\rightleftharpoons$	$Ag^+\ (aq) + e^-$	+0,80

reduzierte Form		oxidierte Form	Standardpotenzial [V]
Hg (l)	$\rightleftharpoons$	Hg^{2+} (aq) + 2 e^-	+0,85
NO (g) + 2 H_2O	$\rightleftharpoons$	NO_3^- (aq) + 4 H^+ (aq) + 3 e^-	+0,96
2 Br^- (aq)	$\rightleftharpoons$	Br_2 (l) + 2 e^-	+1,06
Pt (s)	$\rightleftharpoons$	Pt^{2+} (aq) + 2 e^-	+1,20
Mn^{2+} (aq) + 2 H_2O	$\rightleftharpoons$	MnO_2 (s) + 4 H^+ (aq) + 2 e^-	+1,21
2 Cr^{3+} (aq) + 7 H_2O	$\rightleftharpoons$	$Cr_2O_7^{2-}$ (aq) + 14 H^+ (aq) + 6 e^-	+1,33
2 Cl^- (aq)	$\rightleftharpoons$	Cl_2 (g) + 2 e^-	+1,36
Au (s)	$\rightleftharpoons$	Au^{3+} (aq) + 3 e^-	+1,42
Pb^{2+} (aq) + 2 H_2O	$\rightleftharpoons$	PbO_2 (s) + 4 H^+ (aq) + 2 e^-	+1,47
Mn^{2+} (aq) + 4 H_2O	$\rightleftharpoons$	MnO_4^- (aq) + 8 H^+ (aq) + 5 e^-	+1,51
$PbSO_4$ (s) + 2 H_2O	$\rightleftharpoons$	PbO_2 (s) + SO_4^{2-} (aq) + 4 H^+ (aq) + 2 e^-	+1,68
MnO_2 (s) + 2 H_2O	$\rightleftharpoons$	MnO_4^- (aq) + 4 H^+ (aq) + 3 e^-	+1,68
2 H_2O	$\rightleftharpoons$	H_2O_2 (aq) + 2 H^+ (aq) + 2 e^-	+1,77
2 F^- (aq)	$\rightleftharpoons$	F_2 (g) + 2 e^-	+2,87

(s) fest, (l) flüssig, (g) gasförmig, (aq) in wässriger Lösung mit $c = 1\ mol \cdot L^{-1}$

Tabelle 4: Molare Bildungsenthalpien und molare Entropien (bei 25 °C und 1 013 hPa)

	ΔH_B^0 [kJ · mol^{-1}]	S^0_m [J · mol^{-1} · K^{-1}]		ΔH_B^0 [kJ · mol^{-1}]	S^0_m [J · mol^{-1} · K^{-1}]
H_2 (g)	0	130,6	Al (s)	0	28,32
H^+ (aq)	0	0	Al^{3+} (aq)	525,0	–314,0
H_3O^+ (aq)	–285,85	69,94	$AlCl_3$ (s)	–695	167
OH^- (aq)	–229,95	–10,54	Al_2O_3 (s)	–1669,8	50,99
Li (s)	0	28,0	C (s), Diamant	1,90	2,44
Li^+ (aq)	–278,4	14,2	C (s), Graphit	0	5,69
LiCl (s)	–408,8	55,2	CO (g)	–110,5	197,9
Na (s)	0	51,0	CO_2 (g)	–393,5	213,6
Na^+ (aq)	–239,7	60,2	CO_2 (aq)	–412,9	121,3
Na_2O (s)	–415,9	72,8	CH_4 (g)	–74,9	186,2
NaOH (s)	–426,7	523	C_2H_2 (g)	226,8	200,8
NaCl (s)	–411,0	72,4	C_2H_4 (g)	52,3	219,5
$NaNO_3$ (s)	–466,68	116,3	C_2H_6 (g)	–84,7	229,5
K (s)	0	63,6	C_6H_6 (g), Benzol	82,9	269,2
K^+ (aq)	–251,2	102,5	CH_3OH (g)	–201,3	237,6
KCl (s)	–435,9	82,7	CH_3OH (l)	–238,6	126,8
Mg (s)	0	32,5	C_2H_5OH (l)	–277,6	160,7
Mg^{2+} (aq)	–461,95	–118,0	CH_3COOH (aq)	–488,4	179,5
MgO (s)	–601,8	26,8	CH_3COO^- (aq)	–488,9	87,0
$Mg(OH)_2$ (s)	–924,7	63,1	CCl_4 (g)	–106,7	309,4
$MgCl_2$ (s)	–641,8	89,5	Si (s)	0	18,7
Ca (s)	0	41,63	SiO_2 (s), Quarz	–859,4	41,84
Ca^{2+} (aq)	–542,96	–55,2	N_2 (g)	0	191,5
CaO (s)	–635,1	39,7	N (g)	472,6	153,2
$CaCO_3$ (s), Calcit	–1206,87	92,9	NO (g)	90,4	210,6
$CaSO_4 \cdot 2\,H_2O$ (s)	–2021,1	194,0	NO_2 (g)	33,9	240,45
$CaSO_4 \cdot ½\,H_2O$ (s)	–1575,2	130,5	N_2O (g)	81,6	219,99

	ΔH_B^0 [kJ · mol⁻¹]	S^0_m [J · mol⁻¹ · K⁻¹]		ΔH_B^0 [kJ · mol⁻¹]	S^0_m [J · mol⁻¹ · K⁻¹]
N_2O_4 (g)	9,66	304,30	I_2 (s)	0	116,7
NH_3 (g)	–46,2	192,5	Zn (s)	0	41,6
NH_3 (aq)	–80,8	110,0	Zn^{2+} (aq)	–152,4	–106,5
NH_4^+ (aq)	–132,8	112,8	Cu (s)	0	33,3
NO_3^-	–206,6	146,4	Cu^+ (aq)	51,9	26,4
P (s), weiß	0	44,0	Cu^{2+} (aq)	64,39	–98,7
P (s), rot	–18,4	29,3	CuO (s)	–155,2	43,5
O_2 (g)	0	205,0	Cu_2O (s)	–166,7	100,8
O_3 (g)	142,2	237,6	$CuSO_4$ (s)	–769,9	113,4
H_2O (g)	–241,8	188,7	$CuSO_4 \cdot 5\,H_2O$ (s)	–2277,98	305,4
H_2O (l)	–285,85	69,94	Ag (s)	0	42,7
H_2O_2 (l)	–187,61	92	Ag^+ (aq)	105,9	73,9
S (s), rhombisch	0	31,88	Ag_2O (s)	–30,6	121,7
SO_2 (g)	–296,06	248,5	AgCl (s)	–127,0	96,1
SO_3 (g)	–395,18	256,2	Fe (s)	0	27,2
F_2 (g)	0	203,3	Fe^{2+} (aq)	–87,9	–113,5
HF (g)	–268,6	173,5	Fe^{3+} (aq)	–47,7	–293,4
Cl_2 (g)	0	223,0	$FeCO_3$ (s)	–748,2	92,9
HCl (g)	–92,3	186,7	FeO (s)	–266,7	54
Cl^- (aq)	–167,4	55,2	Fe_2O_3 (s), Hämatit	–822,2	90,0
Br_2 (l)	0	152,3	Fe_3O_4 (s), Magnetit	–1120,9	146,4
Br_2 (g)	30,7	245,3	FeS (s)	–95,1	67,4
HBr (g)	–36,2	198,5			

(s) fest, (l) flüssig, (g) gasförmig, (aq) in wässriger Lösung mit $c = 1\ mol \cdot L^{-1}$

Reaktionsenthalpie ΔH und Reaktionsentropie ΔS bei Standardbedingungen:

$$\Delta H = \sum_{i=1}^{k} n_i \cdot \Delta H_B{}^0\,(\text{Endstoff})_i - \sum_{i=1}^{k} n_i \cdot \Delta H_B{}^0\,(\text{Ausgangsstoff})_i$$

$$\Delta S = \sum_{i=1}^{k} n_i \cdot \Delta S^0{}_m\,(\text{Endstoff})_i - \sum_{i=1}^{k} n_i \cdot \Delta S^0{}_m\,(\text{Ausgangsstoff})_i$$

Periodensystem der Elemente

	I	II											III	IV	V	VI	VII	VIII
1	1,01 H 1		Hauptgruppen															4,00 He 2
2	6,94 Li 3	9,01 Be 4											10,81 B 5	12,01 C 6	14,01 N 7	16,00 O 8	19,00 F 9	20,18 Ne 10
3	22,99 Na 11	24,31 Mg 12	Nebengruppen										26,98 Al 13	28,09 Si 14	30,97 P 15	32,06 S 16	35,45 Cl 17	39,95 Ar 18
4	39,10 K 19	40,08 Ca 20	44,96 Sc 21	47,88 Ti 22	50,94 V 23	52,00 Cr 24	54,94 Mn 25	55,85 Fe 26	58,70 Co 27	58,69 Ni 28	63,55 Cu 29	65,38 Zn 30	69,72 Ga 31	72,59 Ge 32	74,92 As 33	78,96 Se 34	79,90 Br 35	83,80 Kr 36
5	85,47 Rb 37	87,62 Sr 38	88,91 Y 39	91,22 Zr 40	92,91 Nb 41	95,94 Mo 42	[98] Tc 43	101,07 Ru 44	102,91 Rh 45	106,42 Pd 46	107,87 Ag 47	112,41 Cd 48	114,82 In 49	118,69 Sn 50	121,75 Sb 51	127,60 Te 52	126,90 I 53	131,29 Xe 54
6	132,91 Cs 55	137,33 Ba 56	138,91 La 57	178,49 Hf 72	180,95 Ta 73	183,85 W 74	186,21 Re 75	190,20 Os 76	192,22 Ir 77	195,08 Pt 78	196,97 Au 79	200,59 Hg 80	204,38 Tl 81	207,20 Pb 82	208,98 Bi 83	[209] Po 84	[210] At 85	[222] Rn 86
7	[223] Fr 87	226,03 Ra 88	[227] Ac 89	[261] Rf 104	[262] Db 105	[263] Sg 106	[262] Bh 107	[265] Hs 108	[266] Mt 109									

Lanthanoide	140,12 Ce 58	140,91 Pr 59	144,24 Nd 60	[145] Pm 61	150,36 Sm 62	151,96 Eu 63	157,25 Gd 64	158,93 Tb 65	162,50 Dy 66	164,93 Ho 67	167,26 Er 68	168,93 Tm 69	173,04 Yb 70	174,97 Lu 71
Actinoide	232,04 Th 90	231,04 Pa 91	238,03 U 92	237,05 Np 93	[244] Pu 94	[243] Am 95	[247] Cm 96	[247] Bk 97	[251] Cf 98	[254] Es 99	[257] Fm 100	[258] Md 101	[259] No 102	[260] Lr 103

Stichwortverzeichnis